晴媽咪食物泥教養學

食物泥 X 天使寶寶養成系統

洪嘉穗｜晴媽咪 著

作者序

從嬰幼兒時期開始的家庭教養與飲食教育

記得第一胎生產完，從醫院回到家中坐月子，前 10 天有家人協助照顧孩子、幫我準備訂購的月子餐，第 11 天起我開始自己一個人面對孩子，從孩子的喝奶、哭鬧、哄抱、睡睡醒醒⋯⋯，到我要自己照顧自己、解決乳腺炎發燒、小白點、塞奶、擠不出奶⋯⋯總總的問題和狀況，晚上先生回家稍微換手讓我喘息一下，但到了半夜孩子哭鬧不停、我依然必須拖著疲憊的身體讓孩子夜奶，幾天下來，所有的事情都讓我不知所措，孩子哭我也跟著哭。正當我不停看著孩子每天以淚洗面的時候，好朋友送了我林奐均小姐的「百歲醫師教我的育兒寶典」，和先生討論後有了共識，開始確實照著書中的規律作息讓孩子在該喝奶的時間喝奶、該上床睡覺的時間上床睡覺，並讓孩子從晚上的長睡眠開始自行入睡，剛開始極度痛苦、甚至一度懷疑自己做法是對是錯？但隨著孩子晚上的睡眠越來越長、白天喝奶的狀況越來越好，短短幾天把我從痛苦的深淵中一把拉起，讓我在育嬰假結束、回到學校教課前，幫孩子把作息固定下來、奶量提升上去、並且一覺天亮。

因此我依循「百歲醫生 -- 丹瑪醫生」的規律作息、一覺天亮、食物泥飲食。一路走來，不管是理念與做法，親身經歷的我都有著深刻的體會，也持續認同著。隨著孩子的成長、親子間緊密的關係、和先生有共識且相互扶持，這一切都讓我由衷感謝丹瑪醫生與林奐均小姐將這麼好的育兒教養分享給需要的家庭。

原本我也僅是採用丹瑪醫生的方法幫助自己的孩子和家庭，但生產完回到學校教書後，隨著孩子一年一年的長大、在教學及和學生們的相處之中，我發現原來嬰幼兒時期的習慣，會延續影響孩子的學習能力、行為情緒、飲食習慣、身心健康⋯⋯到兒童、青少年甚至成人時期。因此，若能藉由家庭教育的力量，讓孩子從嬰幼兒時期起養成規律作息、睡眠充足、飲食均衡的習慣，父母在孩子長大後就不需要為了孩子最基本的生理需求而擔憂，更不用在孩子上學後為了叫孩子起床、晚上催促上床睡覺或挑食偏食而生氣，更不會因為這些事情讓親子關係撕裂，這也是我開始專注推廣食物泥教養系統的緣起。

現今嬰幼兒教育很重視「開發」孩子，常聽到潛能開發、腦部開發、全腦開發、智能提升……各式各樣的課程。但其實從孩子出生開始，影響孩子身體健康、腦部發育、智能發展的……並不是這些開發教育，而是父母如何給予孩子最基本的生理滿足，因為不管父母希望孩子如何發展、如何成長，讓孩子每餐都吃飽、小睡長睡都睡飽、心情愉快、情緒穩定、安全感足夠……，孩子才能真正擁有探索新世界的體力、精神與動力，這樣參與各式各樣的課程對孩子才有助益。

畢竟，吃飽、睡飽、精神好、又有安全感的孩子才能在課堂上有良好的互動與表現，學習能力與反應速度才會快又好。

推廣規律作息與食物泥教養系統 10 多年來，我除了運用在學校的教學經歷、從自己孩子的成長中學習外，有更多的經驗來自協助上千對父母幫助各種孩子矯正作息、飲食、睡眠與情緒中得到。隨著社會轉變，教養方式也必須調整，但我確定的是：只要有越來越多的家庭能從嬰幼兒時期確實教導、協助、陪伴孩子，讓孩子在尚未上學受教育前就先養成良好的作息、飲食、睡眠習慣，並有穩定的情緒、了解基本的對錯與道德觀念，這樣學校教育就會變得更有意義。因為，家庭教育是學校教育與社會教育的基石，當孩子入學後，好習慣與安全感的足夠，易讓孩子專注在知識的攝取、自身興趣的發展、人際關係的社會化，當學校中有越來越多這樣的孩子，那學校老師就能更專注於傳道、授業、解惑，並協助孩子發揮潛能、帶領孩子在學習上有更多火花，也才能成就好的教學品質及人人稱羨的好孩子。

現代人喜歡速食文化，不少父母都希望能用快速、免費的方式讓孩子一下子就能吃好、睡好、情緒好，但養育孩子沒有捷徑，父母必須從嬰幼兒時期一步步引導孩子，孩子才會從小養成好習慣、擁有好情緒與安全感。在我的經驗中：當父母親願意花時間為孩子調整作息、願意準備多元食材打製營養均衡的食物泥、願意陪伴孩子學喝水、願意跟孩子不停對話、願意觀察孩子與孩子互動、願意收起 3C 陪伴孩子、願意耐心幫孩子解決嬰幼兒時期各階段的問題，這樣父母與孩子間的親子關係一定非常緊密、彼此相互信任，且這樣的關係會延續到孩子長大。

鮮少孩子一出生就是所謂的天使寶寶，因此本書以 3 個大方向，帶領需要的父母堅持原則、相信自己與孩子，讓孩子成為吃得好、睡得足、情緒佳、又好帶養的天使寶寶，而這些反饋會讓父母倒吃甘蔗、得到令人稱羨的甜美果實，更是「家庭教育」的起點。

陳月卿小姐在《晴媽咪副食品全攻略》推薦序的最後一段寫道：「……讓我們的下一代更健康、更快樂，國家、社會更和諧、更有希望！」

是的，教養從嬰幼兒時期開始，家庭教育對孩子的影響力遠大過於學校教育，這正是我推廣食物泥教養的目的。我相信，當父母從嬰幼兒時期就願意教導、陪伴孩子，那孩子的健康、性格、品德都能從小奠定基礎。因為關心與了解所以孩子的言行舉止都在父母的眼裡，只要有一點偏差父母就很容易導正孩子，只要這種關心持續的存在，孩子就會一直往正向的道路走去。

育兒這條路並不容易，父母的身邊永遠都有給予建議的家人、朋友、網路資訊，所以我將理念與教養方式寫在書上，希望能協助需要的父母有頭緒、有方向，也更清楚自己要給孩子的是什麼樣的成長。

期望這本書能成為一本工具書，能幫助需要的父母與家庭，讓我們一起為孩子努力！大家加油

推薦序（依姓氏筆畫順序排列）

臺大醫院北護分院復健科 語言治療師　王心宜

認識晴媽咪是在一次的研討會上，被她陽光的笑容所吸引，感謝晴媽咪對語言治療師的認同讓我有機會推薦這本書，也感謝她對食物泥的努力，可以出版這本寶寶照顧的全攻略，不僅是離乳食的製作，還有孩子照護的氣質養成。

回想以前兒子小時候並沒有這麼完整的食物泥整理和分享，寶寶照護通常都是媽媽和姊妹們口耳相傳，本書有文字說明和圖片搭配更顯經驗傳承的珍貴。書中的食譜說明清楚，製作方式簡單明確，不需要再特別買其他的廚具就可以完成，真是備餐苦手的福音阿！

語言治療大師 Owens (2015) 提到飲食不僅是一種社交體驗，亦為親子之間重要的溝通交流時刻，人們藉由與他人分享食物帶來舒適和友誼。對於嬰幼兒來說，飲食用餐是與照顧者間首要結合的經歷之一，規律良好的用餐習慣不僅帶來安全感，也帶來舒適和信任。

通常有進食或吞嚥障礙個案的家庭可能會因失能而改變了進食、備餐的習慣或食物選擇，甚至出現用餐的壓力。從長期照護的觀點來看，不僅是嬰幼兒，食物泥也可適用於出現進食及吞嚥有困難的長輩，建議可以採用以家庭為中心的模式，經語言治療師的介入和評估後，在日常可增加進食和吞嚥之技巧以改善獲得熱量攝取，並可確保嬰幼兒整體發育及長輩復能照護之社交和溝通受到足夠關注。

推薦此書給需要的家庭作為工具書，讓育兒與照護更有方向。

王心宜

推薦序

退休公衛學者
NGO 志工　何美鄉
台灣疫苗產業協會理事長

媽媽希望小孩能夠《健康長大》，那最好在懷孕前就開始調養夫妻倆的健康狀況，畢竟你們正在為小孩準備第一份禮物 --- 就是創造他自己。

接著就要開始準備育兒。育兒這件事，可是一個全新的人生里程與挑戰，這時候一本實用的指引書籍，可以減免不少不必要的錯誤，嘗試與矯正。

近年來透過長期追蹤的臨床流行病學研究，我們認識了：在幼年時期父母養育的模式，對小孩成年後具深遠的外溢效果，這也是這本育兒書籍可貴的另一面。

健康與吃當然息息相關，西方人説：You are what you eat. 也就是食物決定你的健康。晴媽咪具多元食材的食物泥嬰兒離乳食，在台灣已享有多年的口碑。多元種類的食物在當下提供嬰兒多元完整的營養素之外，同時也可以塑造小孩未來成長後可以接受多元食物的健康習慣，是有長遠的外溢效果。此外，如何讓父母能夠省時省力的餵食，且給幼兒沒有壓力，但有準則的飲食環境，在書中也有著墨。

書中很大的部分是在討論嬰兒作息的培育，像是嬰兒餵奶需要規律定時，為什麼？因為沒有定時，很容易有嬰兒脱水或餵食不足的風險。此外，嬰兒需要規律的作息，這也是讓孩子從小在規律中養成一種健康的生活態度。

依據世界衛生組織的定義，健康是一種身體心靈與社會適應的整體狀況，而不是僅止於免於疾病。所以你希望家中小孩能夠健康長大，那就要從他人生的第一步開始。

萬事互相效力的嬰幼兒期— 21 世紀如何育兒

生命里程，我們只有一次經歷的機會。在子宮裡成長的胎兒，可受母親的營養攝取及情緒壓力的影響，來修飾某些基因對他往後一生的決定性（即所謂「表觀遺傳學」）。因此，基因並不決定一切，父母孕育更為重要。

二十一世紀是大數據的世代，透過資料的收集與分析讓我們認識諸多生命中看似隨機的發生。包含健康問題，其實深深受著個人兒時經歷所牽制或造就。而越早期的生命經歷，越具深遠的影響力，這就是本書的重點，如何讓小孩在生命的起跑點，養成具健康效益的生活習性。

晴媽咪對嬰幼兒的身心發展有豐富的實務經驗，本書中諸多指引新手父母育兒的內容與細節，我不具評論資格，但晴媽咪所掌握的幾個育兒的大原則，卻非常值得以更多科學研究的數據來佐證並加以闡述，以堅定父母健康育兒的信念。

嬰兒沒有自主能力，而執掌他們命運的父母，卻常常不自覺的為他們做了最負面的決定。怎麼說呢？

請不要對我的小孩說：「你好可憐喔！都不能看電視。」

臺灣餐廳裡常有這令人印象深刻的一幕：父母身邊的嬰兒座椅上吸著奶嘴的小兒，低頭專心滑著平版或手機。

忙碌的父母依靠 3C 產品來安撫幼兒，「因為小孩喜歡」父母總如此說。

殊不知研究數據顯示，小孩在 18 個月之前觀看 3C 螢幕（含電視），不但沒有學習任何資訊，對往後語言發展、閱讀技巧、短期記憶及學習的注意力，都產生持久的負面影響。在臺灣、新加坡及中國都有研究顯示：觀看螢幕的時間越長，兒童夜間睡眠時間越短，也需更長的時間才能入睡，深深影響睡眠品質。雖然螢幕凝視如何影響小孩神經發育，我們的瞭解並不完全，但至少可以確定的是，靜態的觀看螢幕會剝奪了有效益的互動或小孩自己的肢體活動。

所以，3C 產品對你家小孩的發育是多層面的，而不僅止於眼睛的負面影響。父母一時的方便或錯誤認知，造成兒女深遠影響必須及早認識。世界衛生組織與兒科醫學會對幼兒可看螢幕的年紀（兩歲以下不看），及觀看時間（2 ～ 5 歲每日不超過 1 小時的高品質節目），都有清楚的建議。而晴媽咪告訴你：規律的生活習性含限制螢幕時間，是要在嬰兒期就養成的。

請不要對我的小孩說：「你好可憐喔！都不能喝飲料……吃零食。」

根據國建署調查數據（2013 ～ 2016 國民營養健康狀況變遷調查），2001 年以後出生的台灣小孩，在 7 ～ 12 歲時，4 人中有 1 人體態過重，甚至肥胖（28.4%），5 人中有 1 人血糖過高（21.9%）。這群小孩比他們 13 ～ 15 歲的兄姊更胖，更不健康，所以這不健康的數據與基因無關，而是由日趨惡化的生活環境與飲食習慣所造成。其實，肥胖比率的日趨增加，不是台灣獨享，乃是全球性公共衛生共有的棘手議題。

歷史告訴我們，一個國家只要變得富裕後，接著就有國民肥胖與糖尿病相關的疾病遽增，成為亟需處理的公共衛生議題。其中棘手及難以逆轉的原因，是市場上充斥著精緻可口且易上癮的食物，如高脂肪、高鹽和高糖的食物。在迎合消費者口味的市場導向，飲食大環境自然地進入更多不健康飲食的惡性循環。從近年來，市面上炸雞、手搖飲料、甜食的大幅增加，就可見一斑。

除非，新手父母在育兒方法進行大幅度的改變，才可扭轉這逐年惡化的不健康趨勢。嬰兒離乳食對塑造嬰兒的食物偏好和習慣至關重要。因此，在嬰兒期引入自然全穀物及蔬果，以利於誘導幼兒接受健康的蔬果及全穀物，是生命中最適當的階段。能接受健康的蔬食及全穀物，是你家小孩未來可以抗拒市面上不健康的食物的最重要利器。新手父母要堅持這樣的育兒理念，或許需要先瞭解什麼是「食物上癮」。

在一個養成飲食嗜好的研究中，除了 24 小時供應的飼料與水外，研究人員每天在特定的 2 小時，在籠裡也放了高油脂的甜食或其他可口的人用食物。不久後，這些大白鼠會把胃口都保留在那特定的兩小時，而逐漸完全不碰自己的飼料。而且漸漸養成強迫性的暴飲暴食，造成體重大增。此時，若突然將這些可口甜食戒斷，這些大白鼠會拒吃飼料，且有焦慮行為的表徵。研究發現，慣吃可口食物的大白鼠，在大腦紋狀體的多巴胺 D2 受體的表現下降，且中腦邊緣多巴胺傳導功能也會下降。

科學界認為，這種腦中多巴胺功能下降是一種與藥物上癮類似的神經反應。此動物研究也與人類流行病學的觀察相呼應，針對荷蘭青少年的研究發現，具有食物成癮症狀（肥胖仍無法節制的吃）的人，與吸菸、飲酒、使用大麻和糖攝入量呈正相關性。所以科學界越來越認為，不分種類的上癮，都啟動相關的神經路徑。

美國的川普總統，滴酒不沾，因為他深知自己有源於父母酗酒的傾向，只要一喝就給了自己一個酒精上癮的機會。所以，最好預防上癮的方法，就是碰都不碰。至於糖癮如何預防，也是一樣，在嬰兒期給予然天然食材的食物且不以甜食作為行為的獎賞。再送給新手父母一個強烈簡單的訊息——當你給小孩精緻、可口、高糖、高油的不健康食物時，你可能就是在餵他們類似嗎啡的上癮劑。

固定規律的生活習性

每個父母都希望家中的嬰兒在白天快快樂樂的吃喝玩樂，晚上安安靜靜的睡。這種晝夜的生理節律，在嬰兒期受控於腦幹的中樞神經，出生後不久就會逐漸成形。這晝夜生理節律除了受日夜光線對比的提示外，還深受人際環境的影響。那就是父母規律的提供食物，規律的與嬰兒互動且誘導適當的肢體活動、以及規律的提供舒適的睡眠環境。

發現晝夜生理節律的科學家在兩年前得到諾貝爾獎，可見其對所有高等動物的重要性。日出日落每天精準無誤的發生，父母也須因此相對很精準的配合，提供規律的家庭作息環境，好讓嬰兒順利養成晝夜節律，並獲得高品質的睡眠，這都是健康身體的必備因素。而規律的生活習性，也讓自律習性的在潛移默化中培育。晴媽咪把規律生活習性放在第一章，絕對有其道理。

透過家庭環境的特徵，包括吃、睡、互動的品質，來培養嬰兒的生活習性。而家庭膳食則代表了關鍵的社會文化背景。父母在進食過程中，自然誘導小孩的行為，並傳遞規則和期許的訊息，建立與小孩互動的默契。家庭共餐是孩子成長生活中的重要事件，並與孩子的體重及飲食習慣相關。研究顯示，家庭共餐的頻率與營養素的攝取量、健康飲食習慣、正常體重（減低肥胖風險）和心理社會影響都密切相關，值得重視與推廣。

這本書是一本很好的新手父母指南。

推薦序

中華民國營養師公會全國聯合會 理事　李哲佑

我們都是在孩子出生後，才開始學著當父母親的角色的～

世界衛生組織（WHO）研究指出，媽媽從準備懷孕期到孩子 2 歲的『生命最初 1000 天』，是掌握孩子一生健康的黃金關鍵，無論是對幼年體質與智力的發展、疾病發生率乃至於成人後的健康狀態，都有深遠的影響。

記得孩子還在襁褓中時，每天圍繞著『食衣住行』的寶寶需求團團轉，吃是人類最核心的需求，在嘗試寶寶離乳食的階段，懷著忐忑不安的心情一項一項的嘗試製作天然、無添加的原型食材，放下廚房裡雜亂無章的鍋碗瓢盆、研磨器、食物調理機等，耗費心思只為了完成一小份的食物泥精華，期待著嗷嗷待哺的孩子第一口嘗試食物的滋味，在那當下，我都忘了自己曾是在台上侃侃而談，面對小兒科醫師等照護團隊專業分享嬰幼兒營養的專家。

飲食教育需要從小開始，配合教養、引導情緒、安排作息、建立良好睡眠習慣等孩子極需協助的『基礎建設』。

很高興能推薦『晴媽咪食物泥教養學』的天使寶寶養成系統，幫助新手爸媽順利上手，做好孩子個性與良好習慣養成的第一步。

推薦序

食在好健康 實在眞成長

磊心蒙特梭利幼兒園園長　李素真

與晴媽咪相識結緣是從參與她兩位可愛孩子的啟蒙教育合作開始。猶記當時的我們，除了幼兒教育的切磋外，我們最常討論的就是孩子們的吃食問題。原本的我，總認為在幼兒吃的部分我應也算得上是在第一線工作的專家。但在與晴媽咪的深入交流後才體會她已把「食育」的鑽研落實到孩子教養的點點滴滴。她設計與製作的食物泥不只食材多元、色彩繽紛，更同時含括了孩子成長所需的各種營養。藉著嬰幼兒食品的親自製作，不僅讓媽媽們親自把關了食品安全，更重要的意義更在於孩子接觸到的食材絕對是更多元更多變化的，這不是一般的食品加工廠做得到的。

晴媽咪不僅身體力行的自己製作營養豐富食材多元的食物泥給她的孩子，她更是不藏私地樂於分享。她熱心的開設了許多場次的分享會，介紹各種食材的營養、離乳食的製作方式並提醒著各種應注意事項，著實幫助了許多年輕父母。數年前晴媽咪出版了第一本《晴媽咪副食品全攻略》，到現在我們的幼兒園孩子與家長還一直在受用中呢！

近幾年來，或許是精緻與速食化的飲食習慣，或許是成人的疏忽或溺愛，或是有種種的教養無奈，食育問題也是我經常需要思考與協助家長的。在幼教現場不難發現越來越多的孩子只願意接受單一食物，例如，有些孩子只吃白飯、只吃肉鬆，甚至不喝水只愛喝果汁等，孩子在發育最快速的嬰幼兒階段，若沒能及時提供孩子足夠的均衡營養，長期營養失衡的孩子恐得面臨身心發展上的危機。

在這本《晴媽咪食物泥教養學》中，晴媽咪清楚說明，讓讀者對吃好、吃對食物有更清楚的了解，並分享容易上手的食物泥製作步驟。同時，伴隨著她的孩子成長，晴媽咪有更多的育兒經驗與讀者們分享。穩定的作息是幼兒成長與發展的基石。在幼教現場，我們可明顯觀察到作息穩不穩定的確在孩子的發展上、在專注與學習有些不同的影響，在情緒的穩定上更是明顯。

本書中除了吃食上的相關問題外，同時也協助了家長們穩定孩子作息的撇步，更相輔相成的穩定了幼兒重要的情緒問題。清晰明瞭的分享，既符合了孩子成長發展身心所需。也在健康吃，快樂成長的基礎下，滿足了每一個家庭養育孩子美好的生命歷程。

晴媽咪是我從事幼教數十年來接觸的家長中少數能真正落實教育與食育合而為一，同時能完整專業分享的媽媽。希望家長們都能從晴媽咪的分享進而穩定嬰幼兒日常生活，奠定學習基石開啟學習之鑰，同時也成就孩子們一個健康快樂的童年。

推薦序

臺大醫院復健科語言治療技術科主任
臺灣咀嚼吞嚥障礙醫學學會常務理事
中華民國語言治療師公會全國聯合會常務理事

張綺芬
語言治療師

我們的寶貝從小最重要的任務就是吃和睡，吃得好、吃得飽、得到滿足，就會心情好、情緒佳，也就能睡得好、睡得安穩。孩子若能吃得好、睡得飽、營養足、就會好好長大，就會讓爸媽覺得是一個作息規律體貼的好寶寶。

本書作者晴媽咪從孩子的飲食習慣切入，說明飲食對於建立規律生活作息的重要性，而規律的作息會影響孩子情緒、行為、認知、語言、學習能力的發展，因此孩子的飲食除了一歲前的奶，和斷奶後的一般成人的固體食物，這中間的過渡期食物，只需要煮爛、切碎、和成泥嗎？應該如何調配、製作、食用才能對小寶貝最好最適當等等細節，晴媽咪在文中都會一一為大家詳細解說。

我是服務於醫學中心之兒童發展與評估療育中心，超過 30 年的語言治療師，也是有兩個寶貝的媽媽，服務過包含家長覺得養不胖的一般發展孩子、偏食睡不好又難帶的孩子、先天心臟病常住院瘦小的孩子、各類罕見疾病的孩子、自閉症類群偏食又特別堅持的孩子、插著呼吸管鼻胃管的孩子等，這些孩子在嬰幼兒時期共同的特點就是有進食吞嚥的問題，一歲之後可能會再加上語言溝通上的困難。但每一位孩子，不論進食吞嚥或語言溝通的發展快或慢、過程有否困難與否，這條成長的路，飲食習慣的建立，語言發展的過程，其實都是相同的，原則都是一樣的。所以我們要在每一個時期，提供給孩子這個時期最適當的食物，讓孩子吃得營養、吃得健康、吃得快樂。從餵哺奶到吃一般成人食物的過渡階段，不是將所有的食物煮在一起變成軟爛糊稠，完全無法區分出顏色、味道與質地，而是要將各類食物分開製作，漸進搭配，讓孩子吃到食物原本的味道，讓孩子看到每樣食物特有的色澤，餵食的同時也可以告訴孩子，我們現在吃的是紅蘿蔔泥，我們現在吃的是綠色的青菜，在快樂的親子進食時光中，同時也有豐富的語言認知的溝通學習，一舉數得呀！

本書中晴媽咪詳細的說明如何在家手作食物泥，更貼心的提醒食物泥同樣可以讓牙口不好的老人家食用、或提供給需要吃泥狀食物的吞嚥困難病友們食用，製作方式也都無私的公開。所以我誠心的將本書推薦給家中有嬰幼兒的家長、有高齡長者的家人、或是有吞嚥障礙的家屬，更或是保母、居服員、或對此議題有興趣的所有同好與朋友們，這是一本將食物泥從需求面、製作面與推廣面，面面俱到詳盡記載，且圖文並茂值得閱讀與收藏的工具書。

推薦序

癌症關懷基金會董事長　陳月卿

每個新手爸媽都希望自己的新生兒能成為天使寶寶，好吃、好睡、固定作息，不亂吵亂鬧、開心長大。但真的有點困難，所以接到晴媽咪《天使寶寶養成系統》的書稿便迫不及待的展讀，尤其對食物泥這塊特別感興趣，因為這就是我推廣全食物歷程中缺少的一塊拼圖，也是我人生中一個缺口。

最早接觸晴媽咪是在健康 2.0 的節目，我們要製作嬰兒離乳食，所以邀訪她。我對她製作的嬰兒離乳食～食物泥，非常非常地著迷，因為不僅顏色漂亮、好吃，而且營養豐富，對孩子們非常地健康，尤其她跟我一樣喜歡用 Vitamix 調理機，釋放出全食物的全營養。

因為孩子的口味應該從小養成，如果從小就能夠吃天然食物做成的食物泥，不僅不容易偏食，而且能夠吃到食物全部的營養。這也是我們癌症關懷基金會現在推廣的親子飲食當中缺少的一塊。

因為當我養育兩個孩子的時候，其實心裡專注的是，如何幫先生抗癌？如何恢復自己的健康？一時並沒有想到可以用調理機來親手製作天然食物的離乳食，所以就錯過了這個契機，一直到孩子比較大了以後才開始打精力湯給他們喝。

所以晴媽咪的著作一出來，我就迫不及待地拜讀，並且為她寫序，我希望有更多的媽媽從她的書中獲得啟發，用這樣好的方式來幫助孩子培養清新的味蕾和良好的飲食習慣，從小打好飲食的基礎。

更重要的是，中醫說「脾胃是後天之本」，又說「胃不和則寢不安」，可見吃好就可以睡好，身體就會健康。而西方醫學則發現：腸道不僅是我們免疫力最重要的場域，熱門的「菌腸腦軸線」研究，更發現腸胃竟然會影響情緒和記憶力。因為我們腹中接近一百兆的腸道菌透過腹腦及迷走神經和大腦產生連結並相互影響，大腦感到壓力固然會影響腸道菌群；腸道菌群菌相失衡、壞菌太多也會影響情緒和記憶；而腸胃對大腦的影響又比大腦對腸胃的影響更大。

要避免腸道菌群失衡，壞菌太多，最好的法寶就是吃天然食物，尤其蔬食含有豐富的膳食纖維是好菌的養料。所以從小給寶貝吃天然食物泥，避免加工食物下肚，養好寶寶的腸道菌群，維護菌腸腦軸線健康，就是父母給自己和寶貝最好的禮物，可以遠離腸躁症、憂鬱症、焦慮症、自閉症和慢性疲勞等盛行率極高的身心疾病，這些都因菌腸腦軸線有關。

你也想養個天使寶寶嗎？趕快參考晴媽咪多年的經驗！

推薦序

營養師　**陳秋敏**

第一次看到晴媽咪的書時，憶起初為人母、我的小孩在嬰幼兒時期我做了哪些事、依據哪些教科書、醫院的衛教單張、婦幼雜誌、同事經驗交叉學習，還有一本說服了我餵母奶的書，但是我仍然焦慮。

小孩一晚醒來多次、親餵母乳幾分鐘，又睡著；試著喝配方奶，喝了幾口就開始將奶吐出來；記憶中還做了喝奶日誌，精準管理每日飲食。到了吃離乳食的時期，變化不多的寶寶粥，每每餵食了好久，吃到孩子都睡著了。

現在晴媽咪為新手媽媽整理了這本書，從規律作息至飲食都有清楚說明，主食食物泥採用的穀物雜糧之於白米粥更勝一籌。每次只加一種新食材，確認是否對新食材過敏，不但可以成為新手媽媽的參考依據，更不會因為照顧者的喜好而阻礙了嬰兒探索食物味道的機會，希望從小能夠培養小孩飲食多樣性，減少長大後挑食的行為。

晴媽咪認真執著感動了我，這是一本值得閱讀的好書！

推薦給大家！

推薦序

優兒寶產後護理之家 護理部督導　陳姵晴

對於每位父母而言，嬰幼兒的健康成長始終是最為關切的重要議題。在這關鍵時期，良好的飲食習慣和科學的育兒方式不僅影響寶寶的身體發育，更直接塑造其未來的整體健康。身為一位致力於產兒科護理多年的專業人員，我深切理解父母們對於嬰幼兒的健康成長所抱持的無盡關心與期待。在這段成長過程中，父母需要準確且實用的指導，以確保嬰幼兒獲得最適切的照顧。因此，我非常榮幸為您介紹這本《晴媽咪食物泥教養學》。

《晴媽咪食物泥教養學》不僅僅是一份離乳食製作指南，更是一位資深專家的智慧之作；晴媽咪將育兒實務經驗融入其中，結合豐富的理論知識，以專業的角度解說嬰幼兒飲食的關鍵要素和育養原則。這些原則不僅尊重科學基礎，同時融入了作為一個母親的情感，使育養不再只是機械的行為，而是一場充滿愛意的互動。同時，書中提供的豐富飲食食譜不僅考慮到營養均衡，更將美味與實用相結合。對於每一位關心寶寶健康的父母，相信這本書都將成為您的得力助手，提供有用的指導方針，讓您能夠更有信心地應對育兒的挑戰。

在閱讀這本書的過程中，我深切感受到作者的用心與付出，相信您閱後也會有同樣的感觸。祝願並期盼它能夠伴隨每一位父母在這段美好而充滿挑戰的育兒旅程中，找到寶貴的指引，讓我們攜手共同學習，為孩子們建構更幸福的成長歷程，奠定健康快樂的基石。

衷心推薦～

推薦序

曾任中華民國兒童牙科醫學會理事長
曾任台北醫學大學附設醫院牙科部主任　趙文煊
現為孩子王牙醫診所負責人

晴媽咪是我小病人的家長，她的兩個小孩口腔健康，每半年都來檢查、潔牙、塗氟，也沒有齲齒與咬合的問題。

最近常常被家長詢問孩童早期矯正或牙齒混亂的問題，是否跟咀嚼能力有關？是否跟吃的食物太軟有關？其實，這個問題一直以來都在討論，各派別說法不一，但目前沒有扎實的科學基礎支持特定的派別。日本東京的教授研究發現，目前孩童的顎骨大小跟二次世界大戰前孩童顎骨的大小差不多，但是，目前孩童的牙齒較二次大戰前兒童牙齒為大，所以已發生擁擠空間不夠的現象。

其實兒童口腔的問題，不只是矯正的考量，更重要的是齒質的發展，咀嚼吞嚥功能的健全，蛀牙的預防。所以，嬰兒能順利的從吃奶進入到離乳食，不但對咀嚼吞嚥功能有幫助，在獲得足夠多樣的營養成分，對齒質的發育也非常重要。良好的齒質，對抵抗蛀牙也是很有幫助的。食物泥等離乳食在孩子飲食方面是重要的一環，可以順利幫助孩子從吸奶式吞嚥，進展到正常的吞嚥，而且食物泥食材的種類多樣性，也可以補足奶的不足，培養孩子不偏食的行為。至於擔心孩子太依賴泥狀食物影響咀嚼能力，這是要依孩子的發展，逐漸改變的，由吸奶，進入食物泥，再進入一般飲食階段，循序漸進。

很高興晴媽咪的這本書出版，能幫助家長正確的利用食物泥，來增進孩童健康的飲食習慣。

Contents

Chapter 01

天使寶寶養成第一步 固定規律作息

Chapter 02

Start！養成飲食好習慣 從家庭飲食教育開始

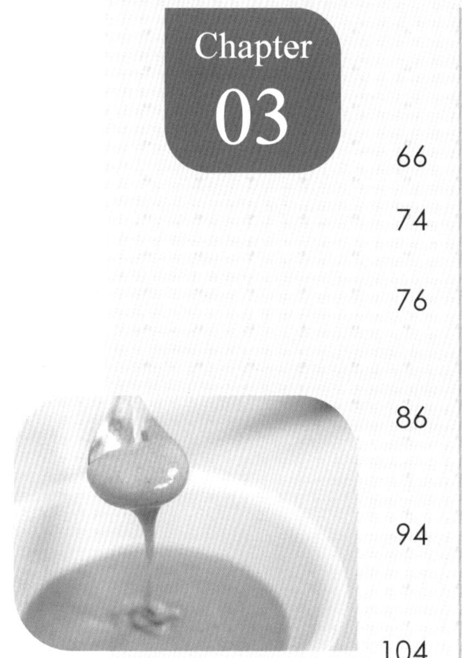

Chapter 03

天使寶寶養成第二步 晴媽咪食物泥系統

Chapter 04

食物泥該怎麼吃？ 全方位的營養來源

Chapter 05

天使寶寶養成第三步 自行入睡一覺天亮

Chapter 06

詢問率超高！ 新手父母大哉問Q & A

Chapter 01

天使寶寶養成第一步
固定規律作息

妳的孩子……
是否從小就養成規律的作息？
是否該起床的時間就起床？
是否該吃飯的時間清醒專心吃飯？
是否該睡覺的時間就上床？
醒著的時間父母是否專心陪伴？

Basic 01

讓孩子睡得好、吃得好、情緒好

養成孩子固定規律作息，父母輕鬆帶

養成孩子固定規律生活其實是在幫父母自己的忙，一旦孩子有了固定規律作息，不管哪一天、在哪裡，父母會發現用餐時間到了孩子就會好好吃、睡覺時間到了孩子就會想睡覺。因此，情緒崩潰的狀況不容易出現在有固定規律的孩子身上。

再者，當孩子有了固定規律的生活作息，父母便可以運用孩子小睡和長睡的時間做事，不僅可以照顧到孩子，更可以將每天家中重要或是該做的事情填入可運用的時間內，這樣的生活不但不會被壓得喘不過氣來，還有不少時間可以休息。

晚上當孩子早早上床睡覺後，父母更可以擁有自己的時間與空間，好好享受兩人世界與屬於自己的生活。每晚一覺天亮，隔天精神飽滿繼續為自己、為生活、為孩子而努力。

固定規律作息＝穩定生理時鐘

多年經驗讓我了解，「**不固定**」、「**差不多**」、「**錯誤**」的作息，可能產生的育兒問題：

01 孩子不清楚自己何時該睡、何時該吃，所以易用哭鬧來表達。

02 孩子易養成想吃就吃、想睡睡就睡的習慣，父母不知何時該讓孩子吃、何時該讓孩子睡。

03 該吃正餐的時間想睡、哭鬧不停，甚至吃到一半睡著，睡一睡又餓醒，父母無法判斷到底該不該繼續餵？若繼續餵，那下一餐又該幾點吃？

04 父母常分不清楚孩子哭鬧是因為想吃？想睡？尿尿了？便便了？不舒服？還是……？到底哪裡出了問題？因為不管父母怎麼哄，孩子依然哭不停，睡睡醒醒。

因此，不管是早上起床、每餐吃飯、白天小睡、晚上上床……孩子所有時間都是固定的。因為「固定」且「規律」的作息才是影響孩子是否能好好吃、好好睡、情緒好的最大關鍵，也是養成孩子生理時鐘的主要方法。

只要孩子沒有生病，從星期一～星期日每天作息都是一樣的，所有事情都按照時間進行，不會因為孩子熟睡就晚點起床、也不會因為晚點起床就晚點吃飯……更不會想吃就吃、想睡就睡，因為孩子的飲食、睡眠、情緒、甚至學習，都不會隨著大人的假期而放假。

這樣孩子的生理時鐘才能依照每天的時間固定下來，當生理時鐘固定後孩子也會清楚知道自己何時要吃、何時要睡覺、何時要玩……，只要父母或照顧者確實依照時間讓孩子做每一件事情，讓孩子確實吃飽、睡足，孩子對父母的信任感就會提升，就不易哭鬧，不會焦慮不安。

固定規律作息＝穩定生理時鐘 → 親子間的相互信任讓孩子擁有安全感

這樣做！眞的變得輕鬆了！

全職媽媽是我目前見過最忙碌且最沒有自己時間的工作，往往孩子還在睡媽媽就醒了，孩子的吃喝玩樂媽媽都必須陪伴參與，甚至孩子的小睡、午睡、晚上睡覺，媽媽都還要抱著、哄著、陪著。大多數習慣被抱著、哄著、陪著睡著的孩子，媽媽將他放上床後離開，通常 10~20 分鐘後就會哭醒，因為在睡眠週期轉換時，孩子發現媽媽的味道和溫度不見了，所以媽媽又必須再次抱起孩子繼續哄睡，幾次來回，等到媽媽讓孩子真正地睡著時，自己也筋疲力竭了。

而剛坐完月子的媽媽若無人替手，在必須獨自面對孩子的吃喝拉撒睡時，更是備感辛苦，因為光是要讓孩子每餐都吃飽、晚上一覺天亮、晚上夜奶不斷，就已經難上加難了，更遑論還要照顧自己、面對哺餵母乳時所遭遇的困難。

除此之外，很多的媽媽在孩子開始吃離乳食時，幾乎都是夜夜磨刀，撐著疲憊的身體努力為孩子準備第二天的餐點，等回到床上，孩子如果還夜奶不斷，全職媽媽從早到晚幾乎沒有喘息的時間。

因此，若讓孩子有固定規律的生活作息，不管是全職媽媽或職業婦女都不會那麼疲累，當孩子的飲食與睡眠習慣成為常態，媽媽就會發現帶孩子真的變輕鬆了，不但可以適時地喘口氣，更能有一些屬於自己的時間與空間，甚至還可以做更多自己想做的事！

Basic 02 GO！開始規劃孩子的生活作息

我幫新手媽媽規劃出 0~2 歲、 2 歲以上孩子的作息時間規劃參考表，雖說作息可以有前後 15 分鐘的彈性，例如 7:30 吃第一餐，可 7:15~7:45 間調整，但還是建議父母們，能按照時間就不要隨意變動，這樣孩子的生理時鐘才能快速的固定且規律，因為有些孩子只要些微的時間差就會發生吃不好、睡不飽、易哭鬧的狀況。

除非遇到孩子生病或不可抗拒之因素，才會些微調整作息時間，等狀況解除後再恢復原本的作息。

作息時間規劃表的使用注意事項

- **即使假日也要按照作息表執行。**
- **外出時，吃飯、睡眠均照作息表時間。**
- **1 歲 3 個月前，白天小睡通常在孩子上一次醒來後 1.5 小時左右。**
- **6 個月後，下午 4 點後孩子不再小睡，否則容易影響晚上的上床時間。**
- **生病、身體不舒服時，不需按照時間作息表，病癒後再照著時間調整回原本的作息時間即可。**

以下表格中的時間，是為了讓孩子建立早睡早起的生理時鐘，家中若有兩個以上的孩子，每個孩子的時間可間隔約 30 分鐘，父母就可以依序照顧，不至於手忙腳亂。

一、1-2 個月的作息時間規劃表

剛出生的新生兒一開始調整作息並不容易，通常生產完會有長輩、月嫂協助或在月子中心做月子，因此建議等孩子滿月後再開始幫孩子調整作息，3 個月前的孩子只要耐著性子、維持時間原則，一樣可以慢慢調整，譬如餵食的時間：從間隔 3 小時調整到 3 個半小時，再延長至 4 個小時。每天、每餐規律餵食時間，當用餐時間固定下來，睡眠時間就能固定。

這樣不管親餵或瓶餵、喝配方奶或母奶，只要照顧者堅持每一餐讓孩子「醒著」並「專心」喝奶的原則，孩子很快就能學會認真喝奶並不會餓到自己。

TIPS 照顧者餵奶時，自己也要專心，不然孩子也無法專心喝奶。

清醒且專心喝奶的孩子睡眠時間會很好固定，除了晚上最後一餐吃完馬上上床睡覺外，孩子每餐都是睡醒馬上吃、吃完玩、玩一下後上床睡覺，只要依循著「吃、玩、睡」的步調，孩子就不會有邊吃邊睡或是睡著肚子餓又哭醒的狀況發生。而餐與餐間的小睡時間隨著孩子的作息，很快就能固定下來。

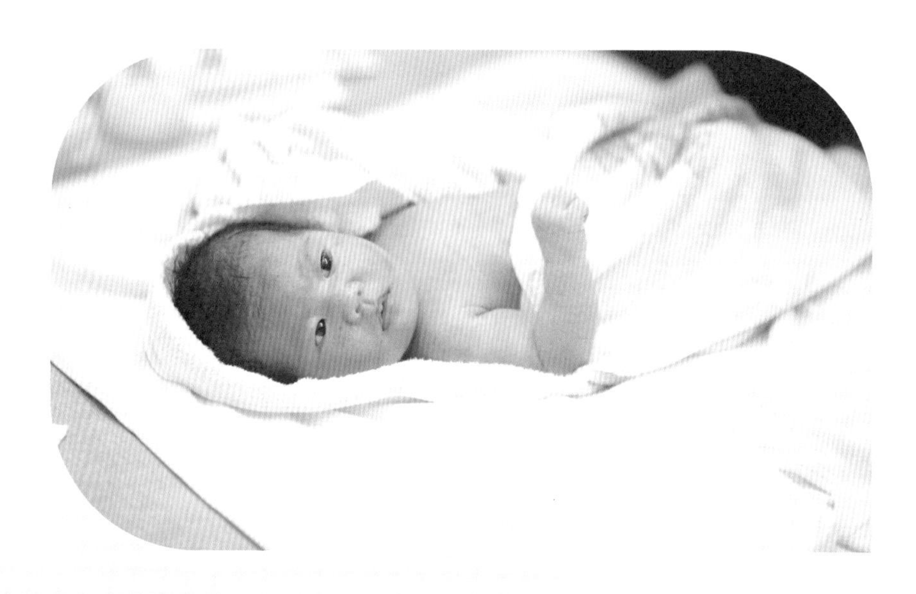

1-2 個月的時間規畫表（3 小時一餐）

睡眠時間 20 小時

時間	孩子作息
07:30	起床
07:30 - 08:00	第一餐清醒餵奶
08:00 - 08:30	清醒玩耍
08:30 - 10:30	第一次小睡
10:30 - 11:00	第二餐清醒餵奶
11:00 - 11:30	清醒玩耍
11:30 - 13:30	第二次小睡
13:30 - 14:00	第三餐清醒餵奶
14:00 - 14:30	清醒玩耍
14:30 - 16:30	第三次小睡
16:30 - 17:00	第四餐清醒餵奶
17:00 - 17:30	清醒玩耍
17:30 - 19:00	第四次小睡（19:00-19:30 起床洗澡）
19:30 - 20:00	第五餐清醒餵奶
20:00 - 07:30	長睡眠

23:00 夢中餵半奶，無須叫醒孩子，若不想喝就不要餵

吃 玩 睡

TIPS 每餐 30 分鐘，讓孩子學會專心吃每一餐（餵食時間不延後）

Point

1. 不要在睡覺的房間內餵奶，讓孩子脫離睡眠環境，離開睡眠氛圍孩子才不會邊睡邊吃。
2. 每次餵奶都要讓孩子清醒地喝完，清醒著互動、自行入睡的孩子要清醒地上床睡覺，才能建立安全感、孩子才能睡得久。
3. 從起床喝完奶到小睡時間，要跟孩子說話、唱歌、玩遊戲……讓孩子清醒 。
4. 固定時間上床、起床，若提早醒則讓孩子在床上自己玩，時間到再抱出喝奶。

第五餐「半奶」是什麼？？

奶量的計算是以一整天的總量為依據，很多一歲前的孩子因為作息不規律、睡眠不足……導致無法每餐都確實將奶喝完，因此除了白天四餐外，可以在孩子睡覺中給予第五餐奶補足一整天奶量，讓孩子可以一覺到天亮，半夜不夜奶。

為什麼只喝「半奶」而不是全奶呢？

第五餐喝的奶量大約為白天「一餐的一半甚至更少」。親餵母奶通常喝一邊，喝至孩子吐掉或不再吸，大約 5-10 分鐘左右。

由於餵食時間較晚，因此第五餐只給「半奶」。一方面孩子不會因為長時間沒進食而餓醒討夜奶；另一方面讓孩子腸胃中有食物，但不會因為吃過飽導致腸胃不停蠕動無法休息、四小後又準時醒來討奶。

每餐 240cc，半奶就是準備 120cc 左右的奶量讓孩子在第五餐喝，不管孩子喝完或僅喝 80-100cc 都可以，只要孩子不喝就停止不用再餵。

幾點餵？最晚 23：30 喝第五餐

最後一餐 19:30，第五餐可安排在 23:00（第四餐後約 3 個半小時，避免滿 4 小時孩子肚子餓完全清醒），此餐不是夜奶，不會影響隔天飲食。

Point：最晚的半奶餵完時間不超過 12:00

怎麼餵？睡著餵

不需要把孩子叫醒，不管親餵或是瓶餵都要將孩子抱起，並讓孩子睡著喝奶，喝完不用拍嗝，若孩子有睜眼或醒來，不要對眼、不要說話或安撫，直接放回床上即可。

喝到幾個月大？一定要喝嗎？

當白天食物泥量、奶量足夠，第五餐孩子開始閉緊嘴巴不喝或熟睡不喝，最晚一歲前就可停止，無需勉強。

Mommy Say

晴媽咪經驗談

0-4 個月是孩子尚未穩定的階段，若有特殊狀況發生，這段時間的作息時間表的時間間距可以依據狀況修改。舉例來說：我生完老大一個月產假後馬上要回職場，所以我不得不在第 14 天時開始訓練孩子規律作息並自行入睡，但由於我一開始親餵母奶的方式不對，導致奶水雖多但孩子卻因不專心而喝不飽，也讓我自己飽受乳腺炎和塞奶之苦，當時我還經歷了 2 個月的追奶日子，因此老大從 2.5 小時喝一次、3 小時喝一次奶，直到 3 個月後固定 4 小時的喝奶作息（我是半親餵，上班時擠出給保母瓶餵，上班前、下班後維持親餵）。但生老二時，我也因為老大的經驗，了解一開始就要讓孩子「專心」喝奶，所以我在月子中心便請護理人員協助調整喝奶的時間，讓作息有了雛形，當我從月子中心回家訓練老二自行入睡的同時，把作息時間也固定了下來後，老二就一直維持 4 小時一餐， 每天除了小睡外，晚上 11.5 小時的一覺天亮，讓我和先生減輕不少壓力。

當時為何想快速的調整老二的作息，是因為我在生產、做月子時感受到了老大的不安、 黏人、甚至退化的行為，加上剛生產完，照顧老二、擠奶都讓我花了很多時間，忽略了老大也只是個小小孩，因此當下我確認唯有讓老二規律作息、睡飽睡滿，我才能有更多時間陪伴老大、降低她的不安，回復到原本滿滿安全感的狀態。因此，調整老二作息就成了當務之急。

二、2-4 個月的作息時間規劃表

2 - 4 個月（4 小時一餐）

睡眠時間 19 小時

TIPS 每餐 30 分鐘，讓孩子學會專心吃每一餐（餵食時間不延後）

時間	孩子作息
07:30	起床
07:30 - 08:00	第一餐清醒餵奶
08:00 - 08:30	清醒玩耍
08:30 - 11:30	第一次小睡
11:30 - 12:00	第二餐清醒餵奶
12:00 - 12:30	清醒玩耍
12:30 - 15:30	第二次小睡
15:30 - 16:00	第三餐清醒餵奶
16:00 - 16:30	清醒玩耍
16:30 - 19:00	第三次小睡
19:00 - 19:30	洗澡
19:30 - 20:00	第四餐清醒餵奶
20:00 - 07:30	長睡眠

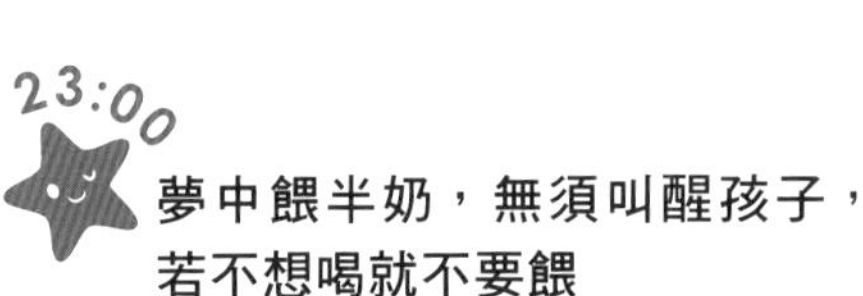

Point

1. 每次餵奶都要讓孩子清醒喝完，清醒玩耍、清醒地上床睡覺，這樣才能睡得深沈、睡得久。
2. 餵食結束到小睡時間的 **30** 分鐘，幫孩子拍嗝、多跟孩子說話、唱歌、玩遊戲……，讓孩子保持清醒。
3. 如果孩子有脹氣狀況，可在每次小睡、長睡醒來前 **5-10** 分鐘幫孩子做腹部按摩、腹部運動，一方面減緩脹氣、一方面讓孩子慢慢醒來。洗完澡後也可以做！

三、4 個月～1 歲 3 個月的作息時間規劃表

TIPS 每餐 30 分鐘，讓孩子學會專心吃每一餐（餵食時間不延後）

睡眠時間 16 小時

時間	孩子作息
07:30	起床
07:30 - 08:00	第一餐清醒吃喝
08:00 - 09:00	玩耍
09:00 - 11:30	早上小睡
11:30 - 12:00	第二餐清醒吃喝
12:00 - 13:00	玩耍
13:00 - 15:30	下午小睡
15:30 - 16:00	第三餐清醒吃喝
16:00 - 19:30	讓孩子清醒玩耍、找時間洗澡
19:30 - 20:00	第四餐清醒吃喝
20:00 - 07:30	長睡

23:00 夢中餵半奶，1 歲前可停止

吃 玩 睡

1. 4 個月開始吃食物泥，循序隨著月齡從 1 餐增加到 4 餐，食物泥 + 奶是同一餐，每餐 30 分鐘結束。
2. 兩次小睡均為上一次醒來後 1 個半小時上床。
3. 4-6 個月，原先第三段小睡可循序縮短為 1.5 小時、1 小時、30 分鐘、15 分鐘 ...... 至沒有。5-6 個月後不再有第 3 次小睡
4. 每天都要帶孩子出門走走、曬曬太陽攝取維生素 D。
5. 這個階段，『開水』是影響吃和睡非常重要的一個環節。

食物泥富含纖維，開始吃食物泥就要教孩子喝開水，一方面讓孩子習慣開水的味道，一方面避免孩子有便秘的狀況發生。

- 只要開水量足夠，每餐吃完約 20 分鐘就會排便。但若沒有排便易導致小睡與長睡眠因腸胃不適易提早醒、睡不久。
- 有些孩子雖有規律作息，但在剛睡醒時卻不太願意進食，通常是因為開水量不足導致便秘吃不下。
- 一歲前每餐吃足量，第五餐夢中半奶可以戒除，不需要再給予。

四、1 歲 3 個月～ 1 歲 8 個月的作息時間規劃表（轉三餐前）

TIPS 每餐 30 分鐘，讓孩子學會專心吃每一餐（餵食時間不延後）

睡眠時間 14-16 小時

時間	孩子作息
07:30	起床
07:30 - 08:00	第一餐食物泥（吃完可再喝少量奶）
08:00 - 9:30	玩耍
9:30 - 11:30	早上小睡約 1-1.5H （期間均可小睡，找到最快入睡的時間並固定下來）
11:30 - 12:00	第二餐食物泥（吃完可再喝少量母奶）
12:00 - 13:00	玩耍
13:00 - 15:30	下午小睡約 2-2.5H （期間均可小睡，找到最快入睡的時間並固定下來）
15:30 - 16:00	第三餐食物泥（還吃得下可再喝少量奶）
19:30 - 20:00	第四餐食物泥（還吃得下可再喝少量奶）
20:00 - 07:30	長睡

Point

1. **這個階段，每餐食物泥吃完可再喝奶（食物泥＋奶 30 分鐘一餐），若食物泥吃得很好且每餐都吃足量並已自然離乳則無須再補充奶。**
2. **食物泥量可持續增加，食物泥吃得多且足量，固體銜接也會快又好。**

五、一歲 8 個月～3 歲時間規劃表

睡眠時間 14 小時

時間	孩子作息
07:30	起床
07:30 - 08:00	吃早餐（食物泥＋各式天然食物製成的手指食物、水果）
10:00 - 11:00	早上睡覺（依孩子需求）
13:00 - 13:30	吃午餐（與上一餐間隔 5.5 小時）
14:00 - 16:00	睡午覺（約 2 小時較為充足）
18:30 - 19:00	吃晚餐
20:00 - 07:30	上床睡覺（維持早睡好習慣）

Point

1. 若食物泥一天四餐，每餐 375~600g 以上，則可改為一天三餐，將每餐間隔時間拉長為 5.5 小時。

2. 一歲 8 個月後，當 16 顆牙長齊，一樣維持一天 3 餐，早餐食物泥，中餐和晚餐可以開始銜接固體食物。

3. 銜接固體食物最適合的時間為 24-28 個月，牙齒成長與基因有關，牙齒長得慢媽媽不用擔心，正常飲食和睡眠即可。

TIPS 每餐 30 分鐘，讓孩子學會專心吃每一餐（餵食時間不延後）

如何建立固定規律作息？

父母只要同心，全家人有共識、做法一致，就能讓孩子擁有固定規律的作息。

如何建立：

先「將要給孩子的固定作息列表」張貼出來，讓自己、所有家人和照顧者都能清楚的知道孩子的作息時間，讓每一個照顧孩子的人都協助孩子在該睡的時候睡、該吃的時候吃，不會因為照顧者不同而亂了孩子的生理時鐘。（若多人照顧可印製多份並貼在家中顯眼處或提供給保母、長輩或協助的友人。）

作息的建立從「晚上開始」

1. 晚上上床時間：

隔天上午 7 點半起床的孩子，建議前一天晚上最晚 8 點上床。

早睡早起原因：

- **睡足量：晚上睡眠可以持續 11.5 小時**
- **睡對時間：晚上睡對時間才能真正幫助孩子的腦部發育與身體成長。**
- **一覺天亮能讓孩子的情緒穩定、餐餐吃得好。**

2. 睡小床

只要小床的鋪床方式是正確的、四邊隔柵穩固安全、孩子沒有生病，那小床是最安全也是最適合孩子睡眠的地方。

3. 戒夜奶（含母奶、配方奶）

夜奶會造成孩子隔天正餐吃不好、飲食時間不固定。且習慣夜奶後，白天醒著不願意喝奶只願意睡著喝，日夜顛倒變成飲食的惡性循環。

PS.

檢視孩子半夜醒來的原因

1. 白天沒吃飽肚子餓
2. 白天睡覺晚上睡不著，睡眠時間混亂
3. 吃了讓孩子腸胃不好消化的離乳食
4. 生理時鐘卡住

4. 隔天早上起床開始照著作息表走

每天都要照著已排定的作息時間讓孩子該吃的時間吃、該睡的時間睡，遵守專心吃、吃完玩、玩完睡的規律作息，這樣才能建立孩子固定的生理時鐘。

規律作息的注意事項

下午 4 點至睡覺間儘可能別讓孩子再睡覺

4 個月後的孩子，下午 4 點過後的睡眠慢慢減短，到 5 個月左右就不建議再睡第三次的小睡，因為 4 點後的小睡易造成晚上睡眠時間往後挪移，有很多孩子甚至會因為下午 4 點後睡覺而延至凌晨無法入睡，不但影響了孩子的睡眠與健康，更讓父母與照顧者的心情和精神無法負荷。

生病、身體不舒服後的生活作息

當孩子生病時，身體的不適可能會影響飲食與睡眠，有些孩子需要父母的哄抱，也可能因為吃藥造成味覺改變吃不多，因此可視孩子身體狀況改成少量多餐，而藥物可能導致孩子需要更長時間的睡眠，因此生活作息必定受到影響，一旦病癒後應儘快恢復原本作息，以免規律作息被打亂後需從頭再調整。

固定規律作息要持續到何時？

經過 1 年半到 2 年的規律作息、均衡營養的食物泥飲食、開水喝足，成長後孩子生理時鐘自然養成，即使偶爾有幾天的作息不規律或生病，也很容易在生活恢復常態後回到原本的作息。

作息時間雖然會隨著年紀的增長而有些微的變化，但只要父母維持原則與陪伴，不刻意打亂孩子的生活規範，孩子的好習慣就會一直持續著，並伴隨孩子長大。

等孩子上幼兒園、小學後，父母就能感受到嬰幼兒時期養成的作息對孩子的生活有很大的幫助。

外出時的規律作息

有媽媽問過我：「外出時，孩子該怎麼維持固定作息、怎麼睡覺？」

外出時，父母一樣照著原本的時間讓孩子吃和睡，孩子的作息並不需要改變。

吃飯時間照常

孩子還小時，我們假日若在中午有聚會，我們會採取以下的方式讓孩子時間到就可以吃每一餐，並在吃飽後讓孩子繼續與我們共餐或自己玩。

STEP1：

- 將食物泥放在玻璃保鮮盒中在家裡加熱後帶出門。
- 抵達餐廳請服務人員協助將食物泥加熱。

STEP2：

- 孩子用餐時間到，大人若尚未上菜可先餵飽孩子。
- 孩子用餐時間到，大人先吃一些後快速餵飽孩子。

STEP3：

- 孩子可自行玩攜帶的玩具、書本、畫圖、喝水。
- 已長齊 8 顆牙的孩子可食用各式自製蔬菜條或手指食物。

睡眠時間照常

外出時，在孩子的上午與下午小睡時間到之前，我和先生就會互相提醒孩子該睡覺了。可以讓孩子在推車上自行入睡，也可以用揹巾揹著孩子入睡，若遇到易讓孩子分心的場所，可以暫時走到較安靜的環境中讓孩子先入睡，養成固定睡眠習慣的孩子因有規律的生理時鐘，較不易受環境的干擾而驚醒或無法入睡。

晴媽咪小叮嚀

每餐 30 分鐘

很多時候媽媽們擔心孩子沒喝飽、沒吃飽，所以讓孩子邊睡邊喝或延長用餐的時間，導致孩子一餐喝了 1 小時甚至 1 小時以上。

但這樣的狀況會造成：

1. 每餐長時間斷斷續續的喝奶，一方面孩子易愛喝不喝、一方面易因長時間放置造成奶中細菌滋生恐讓孩子腸胃不適。
2. 長詩間餵奶也易導致孩子整天喝奶時間過長，導致腸胃不停蠕動無法休息。
3. 邊睡邊喝易讓孩子在正常睡眠時間難睡覺。
4. 延長吃的時間會造成下一餐正餐時間到但孩子卻喝不下、吃不下的狀況。

也因如此，每餐 30 分鐘是規律作息中重要的一環：

· 讓孩子養成專心的好習慣

· 避免孩子吃過久，食物在嘴中發酵呈現酸導致齟齒發生。

· 避免上述飲食及腸胃問題的發生。

Mommy Say

晴媽咪經驗談

家庭教育的奠基 規矩 ≠ 嚴格

「你們家怎麼這麼嚴格啊！不能吃零食、不能看電視、每天固定時間吃飯睡覺，這樣孩子怎麼會快樂？」

很多人覺得我們家很「嚴格」，但我們對孩子一點都不嚴格，我們只是從孩子嬰幼兒時期就為他們訂下對他們好的規矩，這些規矩是孩子從嬰兒時期就開始養成好的習慣，也因此造就了孩子現在的快樂、獨立、自在與安全感，更是我們現在良好親子關係的基石。

從嬰兒時期開始訂下固定的作息，一方面可以讓當父母的我們在孩子有狀況時馬上判別，一方面可以讓孩子很清楚的知道自己什麼時候該吃飯、什麼時候該睡覺，什麼時候可以盡情玩耍，明確的時間規範並不是對孩子嚴格，而是父母在幫孩子建立起固定且規律的生理時鐘機制。

有了這樣的規範，父母也可以清楚的知道孩子每個時間點不同的需求，不會讓孩子在等待中哭泣與不安，不會因為耍賴而被責罵、不會因為拖拉導致時間延誤而遭受責備、更不會因為睡眠不足而有起床氣。這樣的規範可為親子建立相互信任的關係、為孩子建立安全感。

從嬰幼兒時期就養成營養均衡、只吃天然食材的孩子，對含有色素與人工添加劑的食物自然會產生抗拒的力量。孩子兩、三歲後即便遇到長輩或朋友給了糖果、餅乾，孩子在吃入口中前都會問父母，甚至會自行判斷該不該吃，抑或吃個一、兩口就不要了，當父母的我們連禁止都不需要，因為孩子已經會選擇，也懂得適可而止。

我的孩子小時候，我和先生儘可能不在孩子面前看電視、使用手機、電腦等 3C 產品，更不會提供給孩子觀看，因為一旦給了孩子就無法收回和杜絕。只要孩子沒有使用的習慣，就不會因為學校同學討論卡通而吵著要看、更不會整天沉迷於手遊之中，因為他們很清楚這些產品對眼睛不好、用多了對健康也不好。現在上了國、高中，手機和電腦也是在做功課需要時才會跟我們借，並不會因為全班只有他們沒有手機而吵著要。

除了以上的例子外，在孩子生活中所有的規矩養成並不是一天、兩天……幾天，需要的可能是一年、兩年……甚至三年，但如果花三年養成孩子一輩的好規矩、好習慣，那是多麼值得的。因為當這些好規矩養成後，孩子自然會用判斷力遠離可能對他們身體有為害的事物，父母親更可以省去嘮叨與責備的時間，把這些時間拿來與孩子相處，多了解孩子成長中的需要是非常值得的。

這樣的規範看似只是針對生活作息與飲食均衡，但事實上其牽涉到父母親對孩子的教養方式，也是在為孩子的教育奠基，從充足的睡眠、均衡的飲食、穩定的情緒到上學後的學習、人際關係、情商的養成……至學校生活的適應，這些都是環環相扣的。

Chapter 02

Start !

養成飲食好習慣 從家庭飲食教育開始

家庭是「食育」的開端
用孩子最清新的味蕾品嚐最天然的食材
讓孩子的飲食素養與用餐好習慣從食物泥開始養成

Basic 01 家庭飲食教育影響孩子一生

吃飽≠營養均衡

回首當初離開教職的原因，一方面因為有了孩子後驚覺原來作息、睡眠與飲食對孩子是如此的重要，規律的作息、充足的睡眠與均衡的營養會影響的不只是孩子的健康與發育，更會影響孩子的情緒和學習力。

然而，現在很多父母都忙於工作，孩子的飲食健康被擺在物質之後，有些父母認為只要孩子吃飽就好了，但是「吃飽≠營養均衡」、「有吃≠吃得健康」，因此我深刻地體會到，影響孩子最大的不是學校教育，而是從小開始的家庭教育。

另一方面，在學校教學的這些年裡，我看到各種孩子在學校裡的學習狀況與情緒表現，這些狀況和孩子的成長環境、生活作息、飲食習慣、家庭教育……息息相關。從課堂教學中可以直接觀察到的是：生活作息不規律與飲食習慣不正常的孩子，在課堂中較易浮躁且精神不濟、上課易打瞌睡、學習力較差、專注力較為低落、情緒起伏較大、易怒……。

然而這些孩子的作息與飲食習慣並非一兩天所造成，而是從小到大所養成，這也是為什麼現在很多老師會覺得學生越來越難教的原因之一，孩子從小的飲食習慣到底會對成長後造成多大的影響呢？

營養影響孩子的發育與行爲

過動及注意力不集中

從嬰幼兒時期便習慣吃含有人工添加物的零食、糖果、含糖飲料、各式麵包的孩子，若長期食用這類的加工食品，孩子除了愛吃零食不吃正餐外，飲食的偏差易造成過動及注意力不集中（ADHD）的狀況，隨著年紀的增長越發明顯。

在學校教書時，常看到很多學生的早餐是一個三明治配上一杯紅茶或奶茶；一個蛋餅或一顆茶葉蛋，而中餐飲料配零食、營養午餐只吃炸物，綠色青菜及其他菜類被倒掉當廚餘、水果剩下一大堆的現象。

這些學生們寧可不吃正餐也要吃零食、喝飲料，這也是造成現今青少年注意力不集中、學習力不彰、情緒控管不佳的原因之一。

挑食與偏食問題

若從嬰幼兒時期飲食習慣就有所偏差，易造成長大後挑食的狀況，例如：習慣吃白飯就較無法接受糙米飯或十穀飯、習慣吃肉就較無法接受綠色青菜和其他菜類、習慣吃含有人工添加物的食品就較無法接受天然的食物、嬰幼兒時期沒吃過的食材長大後就更不易接受……，但最嚴重的是長期喝奶到長大的孩子無法接受有纖維的菜類和肉類。

每位父母都希望自己的孩子不挑食、不偏食，但若從嬰幼兒時期就沒有堅持讓孩子養成正確的飲食好習慣，只是一味地期待孩子長大就會好轉、長大就會改變，但真的長大就會不挑食、偏食嗎？答案是：「不可能」，長大後的孩子只會越來越有自主意識，越堅持自己的想法，通常妥協的都是父母，因為「沒辦法、拗不過他、他會生氣、他就不吃我能怎麼辦」。只要父母將就，孩子就無法有任何改變，只會加倍讓父母屈服。

仔細想想，飲食的偏差一開始並非孩子本身的問題，而是從小父母給予孩子的飲食習慣，孩子只是照著父母給予的方向順勢成長，所以如果孩子因為營養不均衡而影響了學習成效，那父母該做的是：如何矯正孩子的飲食，並給予營養均衡的食物，而不是到處尋求醫生和營養品解套。

過敏、異膚和腸胃問題

有一年教到一位患有嚴重異位性皮膚炎的學生，嚴重的異膚讓她的全身關節處內外都有厚厚的皮膚、龜裂、紅腫、脫皮、甚至苔蘚化，不但不能上體育課、不能晒太陽，三天兩頭打止癢針不然無法入睡。媽媽帶她到處求醫，各種偏方、藥物能試的都試了，但狀況不僅沒有好轉，甚至更加嚴重，因為她依然每天喝著飲料、吃著餅乾零食，午餐也隨便吃吃，殊不知這些含有人工添加物的食品會讓她的異位性皮膚炎症狀加劇！

過敏不僅只發生在皮膚上，若吃錯食物更會引發腸胃道過敏讓孩子腸胃不適。因此建議在在新生兒時期就有過敏狀況的孩子，父母不僅該為孩子杜絕含有人工添加物和色素的食品，包含各種飲料、糖果、餅乾，更可提供孩子以天然食材製成的食物泥，一方面降低腸胃過敏導致全身過敏的機率，另一方面讓小分子食物泥幫助孩子腸胃好吸收好消化。只要吃對食物、腸胃就會舒服，過敏雖無法斷根，但會因均衡且正確的天然飲食讓症狀減緩。

情緒問題

因情緒無法自我管控而產生各種社會問題的新聞近幾年來層出不窮，由於飲食和睡眠是影響情緒很重要的一環，吃的食物不夠均衡易導致情緒不佳、情緒不穩定、憂鬱、易怒……。例如：糖分攝取過量。

維生素 B1 能改善情緒、維生素 B2 能讓情緒佳，鈣質更是不可或缺的天然情緒穩定劑，然而這些營養都富含在各式五穀雜糧、豆類、綠色蔬菜、菜類、堅果……食材之中，因此從嬰幼兒時期能幫助孩子養成規律作息與充足睡眠的好習慣，再加上均衡的飲食，孩子的情緒自然穩定、不易哭鬧生氣。

睡眠問題

作息、睡眠與飲食息息相關？

每次我提到這個問題，很多媽媽都會回以驚訝的眼神。

仔細想想，0-2 個月的新生兒夜奶很正常，但當孩子到 7-8 個月大還是夜奶不停、無法睡過夜，甚至小睡也經常睡一小段時間就易驚醒。

這通常是因為孩子作息不規律，導致每餐沒吃飽，小睡長睡易餓醒造成睡不久甚至養成邊吃邊睡的習慣，邊吃邊睡不但吃不多也易導致半夜慣性夜奶，讓腸胃無時無刻都在工作無法休息，這樣的惡性循環，不但孩子吃不飽、睡不好，更變得沒有安全感、易哭鬧、情緒不穩定，而父母對孩子的哭鬧卻不知所措、束手無策。

然而，只要父母願意改變，讓孩子有規律作息、每餐都清醒吃飽、該睡的時間上床睡覺，這樣孩子才能睡得久。睡飽的孩子醒來後又能專心吃每一餐，這樣吃飽、睡足、整天情緒佳、笑咪咪的孩子，就是父母最喜歡的樣子。

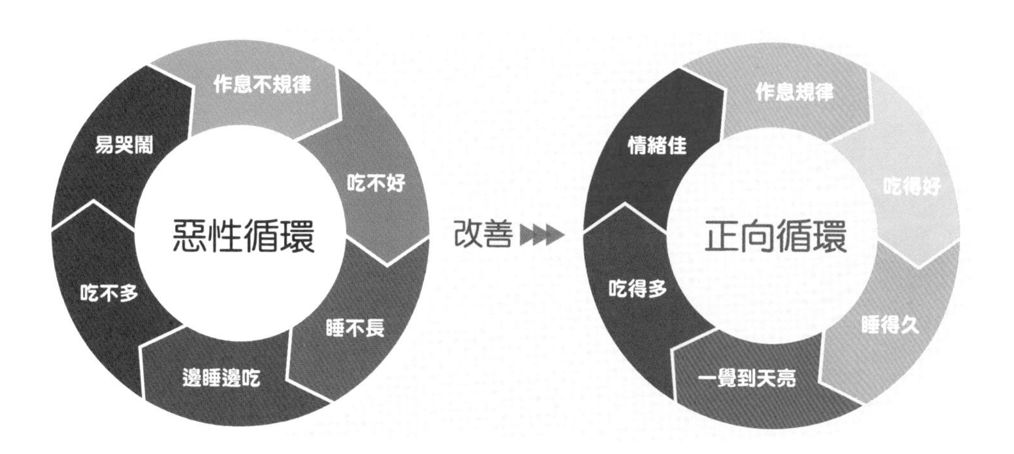

飲食遺傳是造成孩子營養不均衡的原因之一

孩子的飲食習慣來自嬰幼兒時期父母的選擇與決定，在 1 歲前通常父母讓孩子吃什麼孩子就吃什麼，所以當父母的我們一定不能照著自己的喜好給孩子吃每一餐，而要幫孩子選擇營養均衡的食物、以天然食物作為飲食來源，避免孩子有飲食遺傳的問題發生。

我是個從小被父母說是挑食偏食的人，在我生完孩子前有很多不敢或不喜歡吃的食材，這些食材是我小時候沒吃過、不常吃、以及鮮少出現在家中餐桌上的食材，像是蔥、薑、蒜、青椒、苦瓜、茄子……，直到現在這些食材我「會去吃」但「不想吃多」。

所以在我選擇製作食物泥當作孩子的離乳食物時，我就下定決心不要讓我的孩子挑食偏食，因為我不想跟我的父母一樣，為子女的營養與健康從小煩惱到大，而孩子直到長大後對營養有了概念或面臨懷孕生子時，才了解營養的重要性，才懂得開始重視自己的健康。

再者，孩子不會自己拿零食吃、不會自己喝飲料、更不會自己去買糖果或在餐與餐間吃點心……，這些飲食習慣是大人賦予且是長時間養成的，因此父母親必須要有正確的觀念，才能讓孩子的飲食有正確的方向，也才能真正攝取到均衡的營養。

父母親的飲食教育與為孩子建立的飲食選擇，真的是影響孩子營養均衡與否的最大主因。

晴媽咪小叮嚀

一切隨性的父母，也許在嬰幼兒時期可以忍受孩子隨意吃和睡，也願意委屈自己忍耐度過，但當孩子越來越大，上了幼兒園、小學、國中，依然想吃就吃、想睡就睡、很難叫也無法規範時，那就不會是可愛的表徵了，相對的可能因此與父母有所衝突，這就又是另一種惱人且待解決的兒童或青少年行為問題了。

Basic 02 飲食好習慣 奠定健康的基石

吃得飽 ≠ 吃得營養、吃得好

均衡充足的天然營養才能從嬰幼兒時期為孩子奠定健康的基石；唯有良好的飲食習慣才能讓孩子從嬰幼兒時期營養均衡不偏食；唯有均衡的飲食才能儘量減低孩子長大後身體疾病與行為問題的發生。

什麼都吃、不偏食、不挑食、營養均衡的孩子，是現在很多父母羨慕的。媽媽們常問我：

「偏食該怎麼辦？挑食要怎麼矯正？」

「老大已經偏食、挑食了，不希望老二和老大一樣，要怎麼做呢？」

「到底要怎麼準備才能讓孩子什麼都吃？」……。

「預防勝於治療」，為了不讓孩子在離乳階段只是吃米多、水多、食材樣式較少的粥或少量食材的手指食物，並減少父母在孩子成長過程中到處詢問該補充什麼鈣、什麼鐵、什麼益生菌等營養品。從嬰幼兒時期就要養成孩子什麼天然食材都吃的好習慣，才能真正為孩子的健康奠基，所以良好的飲食習慣一定要從「固定規律的生活作息、吃對離乳食開始」。

TIPS

不同年齡的飲食的調整時間

1 歲左右約莫 1-2 週；1.5 歲約莫 3-4 週；2 歲約莫 1-1.5 個月；3 歲約莫 2-3 個月；3-5 歲約莫 4-6 個月。

調整飲食需要父母有共識、並堅持原則、不因孩子生氣哭鬧而改變為孩子調整飲食的決心，那孩子的飲食就能回到正軌。

什麼是良好的飲食習慣？

父母們都希望孩子擁有良好的飲食習慣，但現在很多孩子從吃離乳食開始就「邊吃邊玩」、「邊吃邊看 3C、電視」、「父母追著餵食」……的習慣，更糟的是一餐需要吃到 1 小時甚至更久，影響腸胃消化與牙齒健康。

以上飲食習慣原先的出發點都是大人為了讓孩子好好吃飯所使用的方法、但沒想到反變成父母不給孩子 3C、玩具，孩子就哭鬧、生氣，而父母又怕孩子生氣哭鬧、怕孩子不吃餓肚子、怕孩子讓自己失了面子……而順著孩子，演變到後來不但養成了飲食壞習慣，更開啟孩子用各種方法要求父母的噩夢。

所以當父母一但開始「怕孩子」，聰明的孩子就會用哭鬧測試父母，進而清楚父母的底線，若再加上長輩的干預，最後孩子就變成了無人能管的小霸王，而父母的教育也會更加辛苦。

因此，父母必須堅持為孩子立下的原則與規矩，不要模凌兩可、隨意改變。讓孩子了解父母的做法、進而相信父母，才能真正為孩子養成良好的飲食習慣。

良好的飲食習慣養成：

- 坐在餐椅上吃飯
- 每餐專心 30 分鐘吃完
- 不看 3C、不玩玩具、不聽音樂
- 不挑食什麼天然食材都吃
- 開水喝足量，避免便秘

有了良好的飲食習慣，不管孩子月齡多大，大人、小孩都能好好享用每一餐。

掌握黃金關鍵期，養出不挑食的孩子

嬰幼兒時期是飲食養成的黃金關鍵期，當飲食好習慣養成後，從小習慣吃天然食材的孩子，不僅不挑食偏食，他們更清楚知道吃了哪些食物會讓自己的身體舒服、哪些會不舒服。因此，當孩子長大後，會自動遠離含人工添加物或高糖、高色素的食品，也會為自己所吃的食物把關，這是父母送給孩子人生最重要的禮物之一。

規律作息、充足睡眠

週一到週日，每天固定的起床、吃飯、小睡、晚上上床時間，都照著生活作息表，讓孩子擁有規律的生理時鐘，才能吃得好、睡得好、好情緒佳、每天笑瞇瞇。

從食物泥開始

從孩子 4 個月起，就可以循序漸進地為孩子準備食物泥，一方面補充母乳或配方奶所欠缺的營養，另一方面讓孩子在味蕾最清新的時候開始接觸各種天然食材、記憶各種食材的味道。

使用多元食材

製作食物泥時多採用中性溫和的食材讓孩子嘗試，從單一食材到多元複合食材、採取少量多樣的原則，讓食材越吃越豐富、營養越來越均衡。

不幫孩子挑食

父母、照顧者，千萬別把「他不喜歡吃」掛在嘴邊，這等於在幫著孩子挑食，今天孩子不愛吃紅蘿蔔所以就不給他吃、過幾天孩子不想吃青椒就挑掉、再隔一段時間孩子討厭苦瓜就不添加……，如此一來只要孩子不想吃的就不給，孩子的挑食與偏食就此開始。孩子年紀越大，挑食偏食會越嚴重、父母對孩子的責怪也會越頻繁，但孩子的挑食偏食其實都是父母造成的，所以父母應該從嬰幼兒時期就幫孩子找到適合的離乳食，讓孩子能吃進更多元的食材、得到更均衡的營養。

坐餐椅、30 分鐘吃一餐

讓孩子坐在餐椅上吃食物泥，不使用 3C、不玩玩具，大人也必須專心的一口接一口餵孩子，專心的孩子大約 5-10 分鐘可以吃完食物泥，食物泥吃完喝奶，奶喝完喝開水，大約 20-30 分鐘就能吃完一餐。孩子養成專心吃、不拖拉的飲食好習慣，這樣一天四餐不管孩子或父母都開心。

陪伴孩子多喝溫開水

由於食物泥含有各式穀類、豆類、綠色蔬菜……富含膳食纖維，若沒有讓孩子從一開始吃食物泥時就學習喝開水，當食物泥越吃越多時有些孩子便會發生便秘的狀況，因此從開始吃食物泥起，父母就可以用一般馬克杯、碗裝「溫開水」教導孩子喝開水，一方面讓孩子習慣水的味道、一方面讓孩子學習把開水越喝越好，只要孩子能學會對嘴喝開水，往後什麼樣的水杯孩子都能順利喝水不嗆咳。

只要孩子醒著，少量多次喝足開水就能有效預防便秘，而父母的陪伴是孩子學會喝水最重要的不二法門。

只吃正餐，拒絕零食、點心、麵包和飲料

孩子不需要吃甜點和零食，這些都是大人想給的，大人以為給了這些食品孩子就會開心、快樂。但請仔細想想，這些食品中大多含有高糖、高鈉、人工添加物、合成色素……甚至很多我們連名字都念不出來的成份。很多人說：「只吃一點點，有什麼關係。」，但什麼都「吃一點」，累積的量就會超過孩子身體的負荷。再者，吃了這些這麼有味道的食品，孩子還會願意再吃自己的正餐食物泥嗎？

溫柔堅定的堅持原則

當孩子因為開水喝不足便秘吃不下、沒睡好情緒不佳不想吃、抑或父母面對搶湯匙、抓碗、生氣哭鬧的孩子時，父母必須一次又一次用溫柔堅定的

態度告訴孩子：「如果不吃就表示不餓，我們就下餐椅，下一餐再吃。」並教導孩子，吃飯時手該放在哪裡、吃飯不可以抓碗、湯匙是用來吃飯不是拿來玩的……，讓孩子瞭解事情的對與錯，孩子聽得懂父母的話的，只怕父母不願意跟孩子對話。

「溫柔的堅持」每一個原則，不對孩子生氣與發怒，才能讓親子間相互信任、孩子更有安全感、關係更加緊密。

全家人要有共識

住在一起的家人必須用「同樣的方式」幫助孩子養成良好的作息與飲食習慣，不然太多不同的做法易讓孩子無從遵循、也無法養成規矩，更容易因為不同的做法孩子易對不同的家人恃寵而驕、養成壞情緒與壞習慣。

晴媽咪小叮嚀

請耐心餵孩子吃食物泥，用誇張的方式讚美、鼓勵孩子，讓孩子更有信心愉快學習，並採循序漸進的方式，持續讓孩子越吃越多、越吃越好，千萬不要沒幾天就放棄了自己原本為孩子好的信念。

專注力的養成

餵食速度影響孩子的耐性與專注力

孩子的耐心與專注力大約只有 5 分鐘，通常餵食時間超過 5 分鐘，小小孩就會開始在椅子上躁動、想拿碗、搶湯匙、東張西望、吃自己的手腳、把東西往下丟、甚至大聲哭鬧想要下餐椅……。長時間餵食會讓孩子不耐煩、餵食者沒耐心，有些父母甚至會因為生氣而放棄餵離乳食，因為喝奶比較方便、比較快。

為何要在 5 ~ 10 分鐘餵完食物泥？

- 1. 孩子的耐心大約就是 5-10 分鐘。
- 2. 通常餵食 5 分鐘過後孩子就會開始不耐煩、蠕動、甚至哭鬧。
- 3. 讓孩子學會「專心」吃飯、專心做每一件事情。培養孩子的「專注力」從吃飯開始。
- 4. 讓餵食者的情緒與心情不會因長時間餵食或孩子的不耐、躁動而受到影響。

TIPS

餵食者餵太慢也會造成孩子不耐，所以在餵孩子吃食物泥時，盡量一口接一口讓孩子不會因等待太久而失去耐心的哭鬧。

孩子不耐時該怎麼做？

當孩子吃不完食物泥、又有情緒上的狀況時，請溫柔堅定的這麼做：

- 1. 收起食物泥讓孩子下餐椅。
- 2. 用溫柔、堅定的口吻告訴孩子：「吃不下我們下一餐再吃，沒關係。」

照顧者過程中需保持情緒平穩，絕不能生氣、動怒或對孩子說難聽的話。

3. 讓 6 個月以上的孩子知道：「因為吃不下所以我們不喝奶」，不然聰明的孩子會持續依賴著方便、快速、不用咀嚼的奶，更不願意吃正餐食物泥。
4. 在下一餐前，讓孩子多喝開水，補足身體的水分。

收起食物泥是為了讓孩子自己決定要吃多少量的食物、讓孩子自己感受身體是否飢餓、讓孩子瞭解如果沒有吃飽會有什麼樣的感覺⋯⋯，通常孩子會因此了解正餐食物泥的重要性，進而好好吃每一餐。

我常告訴媽媽們：「我們把食物泥打得又細又稠、沒有任何顆粒，小分子食物泥讓孩子好吸收消化不傷腸胃，加上濃稠度能讓孩子學習咀嚼，因此請放心大膽的加快餵食速度，讓孩子儘快吃完、媽媽儘早休息。」

我確信當孩子每餐專注且快速吃飽，一定能減輕媽媽餵食的心理壓力與負擔，媽媽也會因為孩子每餐都能吃飽而少了擔憂多了快樂的情緒。

晴媽咪小叮嚀

大人千萬不能為了安撫用餐哭鬧、生氣的孩子而給予 3C，這樣會衍生出更多的飲食、學習甚至行為問題。

Mommy Say

晴媽咪經驗談

專心陪孩子

和孩子一同吃飯時，父母都在做些什麼呢？唱歌給孩子聽、講故事給孩子聽、說話給孩子聽……還是不耐煩的催促孩子吃快點？

和孩子去公園玩耍時，我們在做些什麼？

幫孩子推鞦韆、陪孩子一次又一次的溜滑梯、陪孩子玩著樹葉扮家家酒……還是坐在一旁滑著手機，用眼角餘光看著孩子？

很多父母老是說沒時間陪孩子，但當可以陪孩子的時候，手上滑著手機、講著電話、看著電視、看著報紙……的陪孩子。

身為父母的我們是怎麼陪孩子的？

1. 會常跟孩子聊天對話嗎？
2. 會常陪孩子一起玩遊戲嗎？
3. 會常唸書給孩子聽嗎？
4. 會常帶著孩子出門走走嗎？（不用太遠，散步也好。）
5. 會常陪孩子做孩子想做的事嗎？

也許因為工作忙碌，現在的父母能陪伴孩子的時間並不多，但如果在陪孩子的時候能專心且全心全意，相信那樣的陪伴遠比長時間的虛應了事更能讓孩子感受到父母的愛。

「專心」是做每件事情時都需要的，對待孩子也是如此，我們的專心陪伴會在孩子身上看到收穫與反饋。

家庭飲食教育的重要性

在學校教書的那些年，不管國中生、高中生甚至大學生，時常看到學生將飲料當水喝、將零食餅乾當早餐和中餐吃，這樣的狀況在當時是平常不過的日常，沒有孩子之前不覺得有什麼嚴重性，但當自己有了孩子後，赫然感受到飲料與零食對現在的孩子來説不但是健康毒物、更是學習不彰與情緒不佳的來源，但何時開始孩子生活中已經充斥著這些食品了？

大家可以思考下面的問題：

1. 孩子喝飲料、吃零食的習慣是什麼時候養成的？
2. 是誰買飲料給孩子喝、買零食給孩子吃，並讓孩子開始習慣喝飲料、吃零食的呢？
3. 喝飲料、吃零食對身體健康有什麼益處和壞處？
4. 飲料和零食中的色素、人工添加物、糖分長期食用可能會引起孩子的過動及注意力不集中、過敏症狀、身體健康受到影響⋯⋯，父母為什麼要給孩子？
5. 當孩子還小的時候，討飲料、零食大人還可以制止，但當孩子養成長大有了零用錢，隨時都可以買。父母該怎麼辦？

當父母的我們，千萬不要認為孩子還小，喝「一點」飲料沒關係、吃「一點」零食無所謂，當零食、飲料中的添加物，每一種都一點點、一點點的殘留在孩子體內，這些都會直接影響孩子正餐食慾的好壞、是否挑食偏食，甚至會危害孩子的健康。

每個習慣的養成都是父母從嬰幼兒時期帶領與幫孩子決定的，所以為了孩子的健康，父母的選擇真的很重要。

Mommy Say

晴媽咪經驗談

遠離 3C 保母

在餐廳裡常看到，坐在嬰兒座椅上的孩子正專心的看著前面的螢幕，大一點的孩子自己拿著手機或平板玩著遊戲、看著影片，而父母正在跟他人聊天、或滑著自己的手機。甚至更常遇見，一家四口，每一個人手上有各自的手機或平板，每個人都只關注在自己的螢幕上，很少交談也很少互動。

最初，忙碌的父母為了要安撫孩子、讓孩子在外不哭鬧、吸引孩子吃飯……就把 3C 給予孩子，想要換得片刻安靜，也因此父母便容易開始用 3C 來照料孩子，但由於使用 3C 的習慣一旦養成後就很難戒除，要收回更是難上加難，所以漸漸的 3C 產品就成為很多孩子的褓母。

但最令人憂心的是，不少原本堅持不給孩子 3C 的父母看到身邊很多孩子都在使用、或聚會時別的孩子在看但自己的孩子卻沒有，就會想放寬自己的原則，結果導致使用 3C 產品的孩子越來越多、越來越氾濫。

但由於孩子還小，很多父母沒有確實遵守與孩子約定使用 3C 的原則，因此原本是要讓孩子安靜不哭鬧的 3C 產品，變成孩子為了想使用但要不到而哭鬧、生氣，甚至在父母要收回時，孩子更加容易哭鬧、生氣、不開心，這樣的狀況在孩子年紀越來越大後，親子關係恐會因為 3C 產品的使用爭執而變得疏離。

除此之外，父母更該擔心的是：長時間的 3C 使用，對孩子的視力、語言學習、專注力、記憶力與睡眠品質都有長遠且外溢的影響，只是在孩子小的時候還看不出來而已，這些都是父母提供給孩子 3C 產品前必須先思考清楚的。

當孩子日漸長大，常聽到父母抱怨：我的小孩好愛用手機、愛打手遊、愛看影片、離不開手機、讀書時也偷玩、玩到很晚睡覺……，該怎麼辦？

但父母沒想到的是：是誰開啟了孩子使用 3C 的先例？是誰讓孩子習慣 3C 配飯吃？是誰買了手機給孩子？……

因此，我一直不斷強調父母要從嬰幼兒時期開始多陪伴孩子，讓自己的陪伴取代 3C 產品，並從中多觀察孩子，這樣子才能真正了解孩子，也才能減少 3C 產品對孩子的負面影響，孩子的身心發展才會更加健全，親子間因 3C 產品產生爭執和摩擦的機率降低，更不會為了禁止孩子使用 3C 產品而導致親子關係撕裂。

＊本文的 3C 產品，是指電腦、手機、電視。

天使寶寶養成第二步

晴媽咪食物泥系統

推廣食物泥 10 多年
我看到食物泥在孩子身上所產生的神奇魔力
唯有走過的父母才能看見孩子的反饋
也才能感受倒吃甘蔗的喜悅

Do it！

食物泥 跟我一起這樣做

晴媽咪食物泥特色

01 一般孩子、罕病、多重障礙、特殊孩子、易脹氣、牙口不好者、一般人都能食用

02 照著月齡循序漸進加入穀類主食、綠色蔬菜、根莖類、豆類、堅果，富含碳水化合物、益生質、蛋白質、B群、鈣、鐵、礦物質、維生素、植化素、微量元素與膳食纖維……，每一餐都有均衡營養。

03 細緻完全無顆粒，讓孩子好吸收好消化

04 夠濃稠，讓孩子練習咀嚼吞嚥

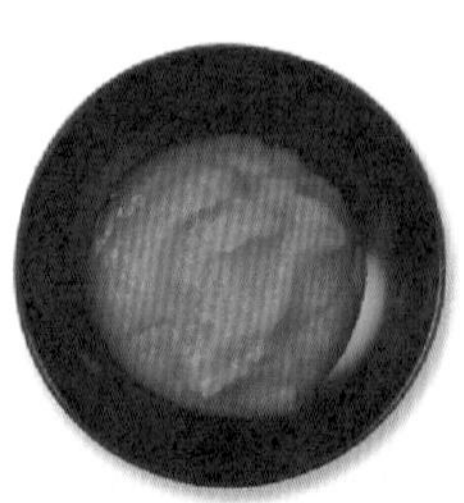

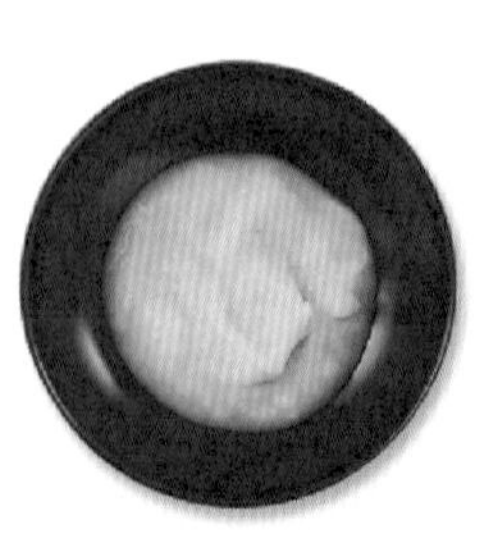

自己製作食物泥到底累不累？

製作食物泥到底累不累？坦白說真的不輕鬆，不管對全職媽媽或是上班族媽媽來說，如果獨自一人，無人替手，那肯定會累翻。但當孩子有固定規律的作息，每天小睡、長睡的時間就是媽媽製作食物泥的好時間，辛苦 1~2 年，換得孩子不挑食偏食的飲食好習慣，仔細想想是很值得的，因為睡眠充足的孩子情緒好不易哭鬧，加上孩子營養均衡、有健康的身體、好的抵抗力、免疫力、學習力，光是生病帶孩子看醫生的次數就能減少很多，痊癒的速度也比較快，更不需要額外補充營養品。

除此之外，父母不用每天煩惱要煮什麼給孩子吃，更不需要餐餐換菜色，也不必擔心孩子會不會吃不完又剩下很多食物、只吃白飯、麵條、醬汁、肉鬆、豆腐、甚至 1 歲以上還只喝奶果腹……造成營養不均衡。

因此，只要讓孩子從小吃足量的食物泥，孩子成長過程中的營養自然無須擔心，再累也值得。

什麼是晴媽咪食物泥

孩子滿四個月就能吃食物泥，全天然食材製作的食物泥內含以下特色：

1. 食物泥有四大類：各式穀類、綠色蔬菜、根莖菜類、根莖豆類。
2. 複合式食材：僅第一種食材為單一食材，從第二種食材起便累疊添加成為多元食材，每餐都能吃到複合食材的營養。
3. 細緻無顆粒：將食材打製成小分子的食物泥，讓孩子的腸胃好吸收、好消化，不易脹氣。

4. 稠度高可練習咀嚼：食物泥又細又稠無顆粒，可讓孩子練習咀嚼、吞嚥。
5. 多元食材讓孩子從嬰幼兒時期就攝取均衡的營養，並認識每種食材的味道。
6. 讓孩子循序漸進測試新食材，9 個月每餐可以吃到約 40 種食材，一歲以上每餐約 50 多種食材，只要量吃得夠多夠足，就能養出不挑食、不偏食的孩子。

什麼時候可以開始吃食物泥？

滿 4-6 個月的孩子可以開始吃食物泥

食物泥添加的順序

從單一食物泥、複合食物泥，漸進至綜合食物泥的多元食材

運用多元食材的食物泥提高身體免疫耐受性

現在因為環境、氣候、飲食……的關係，有越來越多的孩子從出生起就有過敏體質，甚至有些孩子連喝奶都會過敏。因此，當食物泥添加到一定程度時，便可以慢慢減少奶量的攝取，食物泥中的天然食材只要吃對方法，便能幫助孩子減緩過敏狀況：

1. 每餐都有含有少量多樣的食材，一方面營養均衡、一方面避免同一食材過量攝取。
2. 少量新食材能安全測試孩子是否有過敏狀現象，若有過敏狀況，可等 1-2 個月後再讓孩子測試。

3. 依照書上的方式從 4 個月開始吃食物泥，9 個月每餐可以吃 40 多種食材、一歲以上每餐 50 多種食材，運用食物泥提高身體的免疫耐受性，降低過敏的機率。

親手做食物泥，堅持給孩子最好的

孩子的食物泥就像大人的餐點，每餐都要有米飯、蔬菜、各式菜類和豆類。因此，將食物泥分為四大類，包含穀類主食、綠色蔬菜類、各式根莖類、豆類 ……，製作時先將所有的食材洗淨過後再烹煮、放涼後進行製作。

剛開始接觸食物泥的孩子可以直接吃天然食材製作的胚牙米泥，無須嘗試米精、麥精這類含有添加物的再製品，也不需先喝過甜的果汁、無纖維的菜汁或米湯、米糊，因為天然全食材製作的食物泥所內含的營養會比這些來得更佳豐富且能飽足。

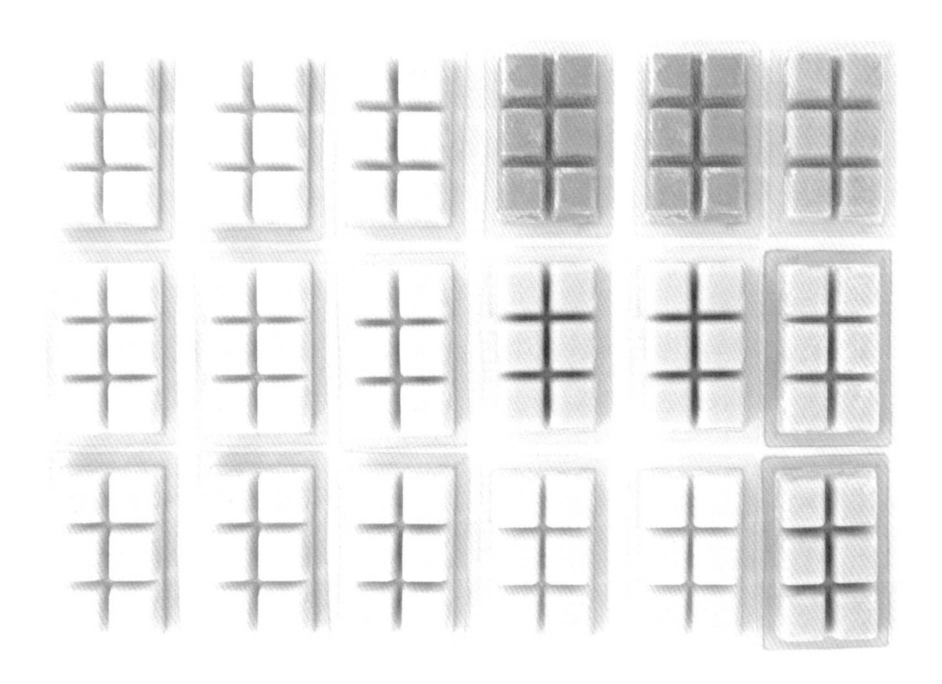

四大類食材，讓孩子飲食更多元豐富

食物泥食譜分類與餐號

將食材分為四大類別

1. 穀類主食（各式穀類雜糧、豆類）
2. 綠色葉菜（高麗菜、綠花椰、各式綠色葉菜）
3. 根莖菜類（地瓜、栗子、蓮藕、山藥......味道搭配相合，簡稱菜 1）
4. 根莖豆類（紅蘿蔔、馬鈴薯、蘋果、豆類......味道搭配相合，簡稱菜 2）

將四大類分為 1 ～ 7 號餐

1 號餐 每個類別各有 1 種食材，共 4 種食材

2 號餐 每個類別各有 2 種食材，共 8 種食材

3 號餐 每個類別各有 3 種食材，共 12 種食材……依此類推至 7 號餐共有 28-30 多種食材。

只要父母依照四大分類與階段性製作，就能讓孩子循序漸進地吃到各式各樣的天然食材，並均衡地吸收每大類的營養。運用少量多樣的原則，孩子什麼食材都吃得到，什麼食材都不會過量。

吃完 7 號餐後，父母可以持續添加新的天然食材，讓孩子食材更多元、營養均衡豐富、提高孩子的免疫耐受性。

食物泥套餐食譜製作運用原則

食材可替換

因氣候變遷、種植技術的發達、保存技術的進步，台灣很多食材現在幾乎一年四季都有販售，當然還是有些食材有季節性的限制，因此若非當季有的食材就不建議食用，一方面非生長季節恐會有噴灑較多農藥或生長藥劑的疑慮，另一方面在非生長季節價格也會非常昂貴。因此在製作時 7 號餐後的食材可視狀況更替，以當季為主。

除了主食外，重量大約即可

由於每個食材的大小、重量、質地都不同，因此不必斤斤計較 g 數該放多少，按照書上寫的比例大約拿捏食材即可，這樣食物泥中便能含有多元的營養，也不會因為過量而造成身體的負擔。

食材與水的比例

細緻無顆粒的稠狀食物泥可以讓孩子學習咀嚼與吞嚥，父母餵食也很方便，因此在製作食物泥時，水與食材（熟）的比例大約為 1:1 ～ 1:1.5 左右，可依照孩子月齡或排便狀況調整比例，讓孩子在吃下濃稠細緻食物泥的同時，排便也順利。

但也不要刻意將食物泥弄得太稠，含水量過少，避免開水喝得少的孩子更容易發生便秘。

煮熟、放涼、再打製

所有的食材均要煮熟後再打製，打製完放入有蓋分裝盒中進冰箱冷凍，一方面避免食物泥在室溫中太久而滋生細菌，一方面可以將營養鎖住。

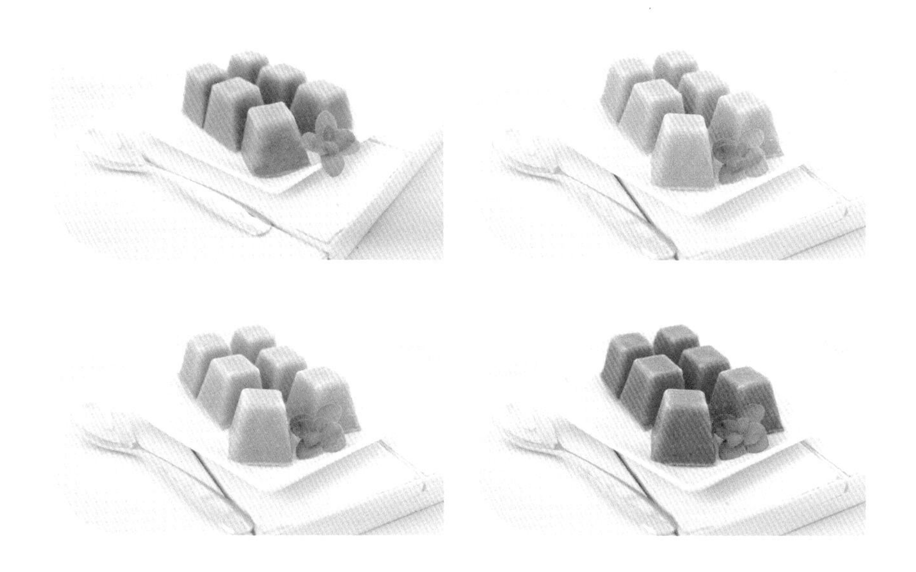

食物泥的稠稀度

由於小小孩沒有牙齒，牙齦也不夠堅硬，因此無法將有顆粒（細小顆粒也一樣）的食物咀嚼得很爛就吞下，顆粒也可能會造成孩子吞嚥時因異物感而嗆咳、甚至吃多了造成腸胃不適。幾次之後，孩子只要看到媽媽拿著碗或裝盛離乳食的容器自然就撇頭、哭鬧，連吃都不想吃就直接拒絕。

因此，食物泥一定要分子小、夠細緻，加上適中的稠度，讓孩子能學習咀嚼吞嚥又不傷腸胃，一但孩子腸胃舒服就能吃得好，自然越吃越多、越吃越喜歡。

食物泥的稠稀度與製作時加入的水分有關，尤其主食、豆類富含膳食纖維，若稠度太高、孩子一整天開水又喝不足，很容易導致孩子便秘、腸胃不適，因此在主食的製作上，要特別留意穀類與製作時的水分比例。不要刻意讓食物泥變得很稠，避免造成孩子難吞嚥或便秘。

食物泥的顆粒感

「顆粒」會讓腸胃尚未成熟的孩子易脹氣、消化不良

媽媽們常會問：「孩子長了 2 顆牙，可以吃有顆粒的食物泥了嗎？」不管是 2 顆牙、4 顆牙、8 顆牙 ...... 的孩子，食材磨碎能力都有限，若不會因為不易磨碎的食材顆粒造成脹氣或腸胃不適的孩子，當然吃什麼型態的離乳食都沒有問題。

但在我 10 多年的經驗中，大部分的孩子在 1 歲過後消化系統發展才會較為健全，有些孩子的腸胃甚至 2-3 歲才能發展成熟，因此父母必須先評估：「我的孩子是不是腸胃成熟的孩子？吃有顆粒的食物腸胃是否能受得了？」

顆粒真的能讓孩子學會咀嚼嗎？

很多資訊和迷思告訴父母：「月齡大了就要讓孩子吃有顆粒的食物學習咀嚼」、「孩子有堅硬的牙齦」，但若將糙米、十穀米、各式豆類、蓮藕、牛蒡、綠色蔬菜的梗……. 等較為堅硬的食材製作成有顆粒的食物泥，不但會使牙齒不足的孩子難以咀嚼下嚥、甚至可能因為囫圇吞棗吃下肚，讓滿滿顆粒的食物泥傷了孩子的腸胃，長期下來導致孩子不願意再吃食物泥，這時父母就會說「我的小孩不愛吃食物泥」，事實上是因為錯誤的食物泥讓孩子腸胃不適、拒絕吃食物泥。

又細又稠的食物泥能符合所有的孩子的飲食，不管是腸胃健全成熟、腸胃較弱、多重疾病、罕見疾病、吞嚥困難……、從 4 個月大到 100 多歲的人都能食用，這本書中所設計的食物泥希望能讓所有孩子都能好吸收好消化，不是只有腸胃成熟、身體健康的孩子才能食用。

因此，顆粒無法讓孩子學習咀嚼，但又細又稠的食物泥是可以的。

TIPS

❶ 長期以奶為正餐、食物泥吃得少的孩子，到了銜接固體的階段，很容易出現孩子懶得咀嚼、懶得吞嚥有纖維的食物，不管是青菜、肉類、根莖菜類，只要富含纖維，孩子都常會咬一咬吐出來，並告訴大人吞不下，沒吃飽就繼續以奶止饑，導致年紀很大了還持續喝著早餐奶、睡前奶甚至把奶當飯後點心。

身邊有些孩子到了國小早餐只喝鮮奶配麵包或三明治；每餐吃完飯喝杯奶；睡前一杯奶，不喜歡吃菜類、天然的食物，但對零食、飲料、飯前飯後的小點心卻來者不拒。

❷ 若要讓孩子吃固體學習咀嚼，在本書第四章中有說明如何循序漸進地食用手指食物。

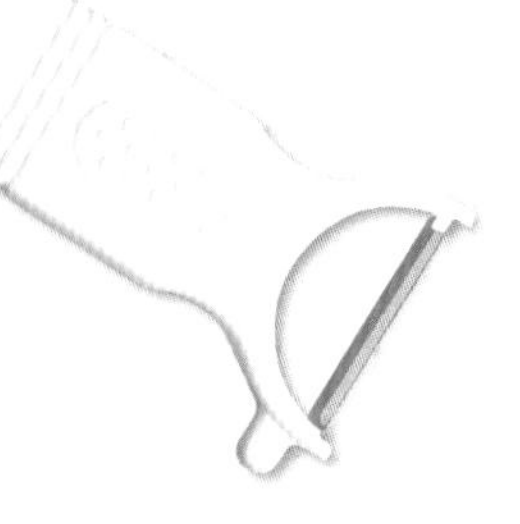

Making Tool

大同電鍋

大同電鍋使用上很方便、省時、省力，除了蔬菜類食材必須汆燙煮熟外，其他的食材都可以利用大同電鍋蒸煮。

製作完的食物泥冰磚也可以用大同電鍋快速加熱，只要外鍋的水量適度，營養不但不會流失，更能讓食材保有原來的香甜。

不鏽鋼鍋數個

不論是煮飯、食材熬煮，不鏽鋼鍋都可和大同電鍋搭配使用。

全食物調理機

全食物調理機能減少食物氧化，並可有效地擊破食材細胞壁，讓食材釋放最大量的脂質與植化素，膳食纖維也可以全部保留，食材的美味會被鎖住，也留住最多的營養。 例如：馬力強大的 Vitamix。

打製時只需加入適量的水或高湯，就能將食材的皮、籽、肉都打得綿密細緻，不僅保留食材的美味與全營養，更能讓腸胃尚未成熟的孩子吃到稠密好消化的食物泥，不會因為過量的水分導致孩子產生脹氣、胃食道逆流的問題。

製　作　食　物　泥　的　器　具

有蓋冷凍分裝盒

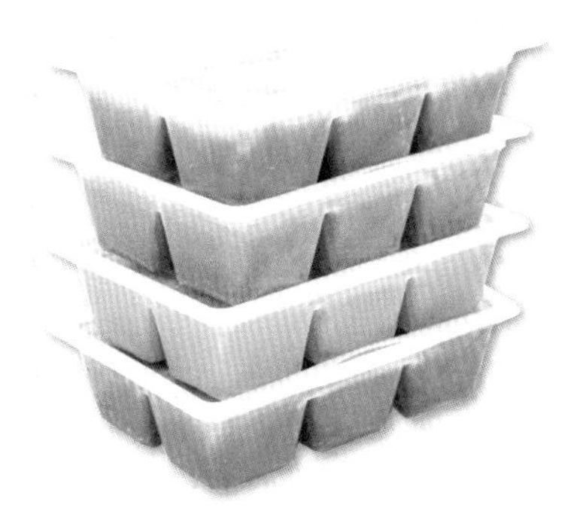

　　製作完的食物泥倒入有蓋分裝盒中製成冰磚，有蓋分裝盒可以減少食物泥冰磚放在冷凍櫃中受到其他生鮮食材的汙染。另外，25g 冰磚的大小不僅好卸下、好拿取，也不需過長的加熱時間，因此不會因為加熱太久使營養流失。

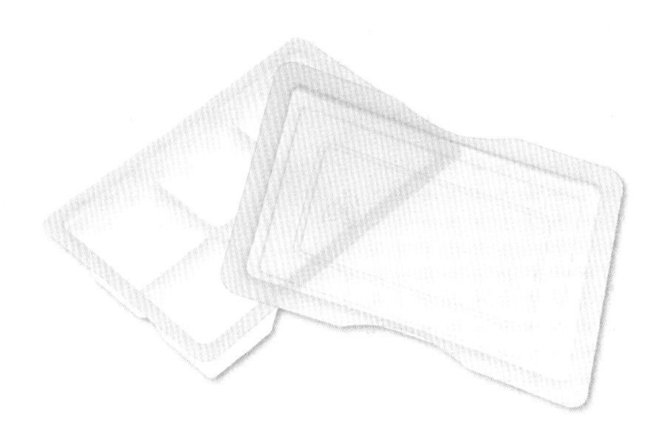

(25*6 顆)，好卸下、好取出冰磚、體積小好堆疊，不佔據太多冰箱空間。

數個大、小保鮮盒

　　在冷凍分裝盒中的食物泥結凍後，可將食物泥冰磚從製冰盒倒入大的塑膠保鮮盒中，一方面由於每類食物泥冰磚的顏色都不同，因此很容易拿取，要吃多少拿多少。另一方面也可準備小的保鮮盒，外出時將食物泥冰磚放置在玻璃保鮮盒中隨身攜帶，只要孩子吃飯時間到，就可以直接請餐廳加入或找地方微波加熱讓孩子食用。

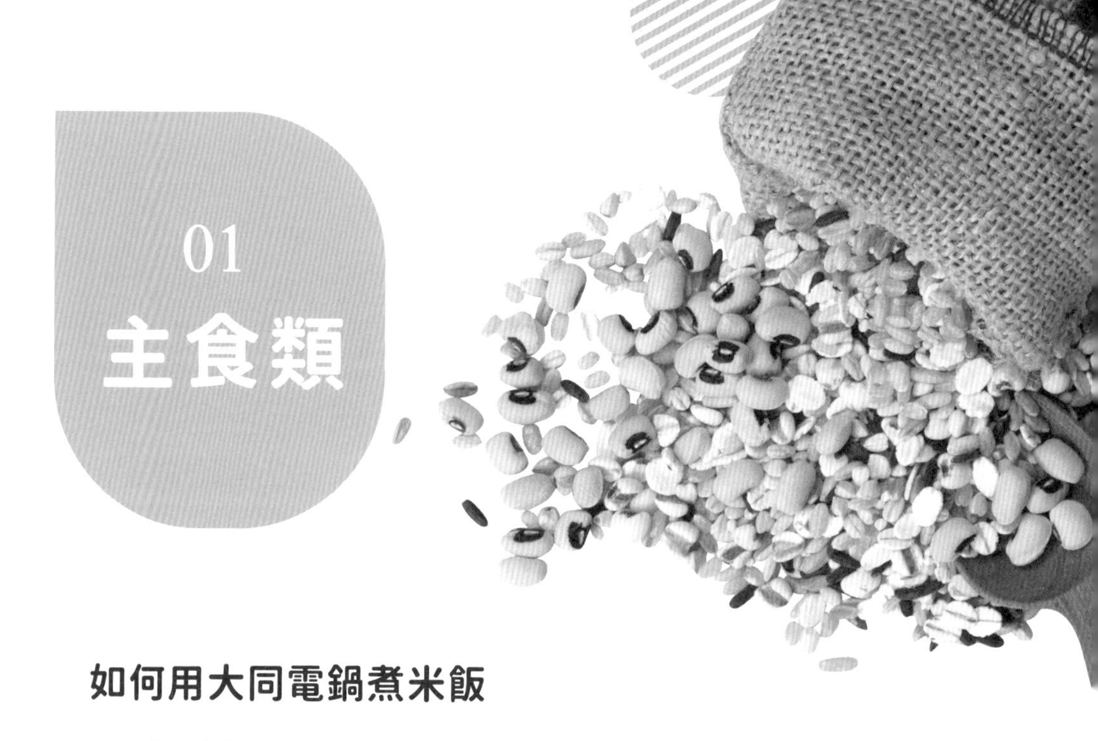

01 主食類

如何用大同電鍋煮米飯

我很喜歡用大同電鍋蒸煮食材，一方面可以較完整地鎖住食材的營養，另一方面對於健忘的我而言，可以安心地在等待時進行其他工作，不怕因忘記而讓食材在瓦斯爐上乾燒或焦掉。

煮米飯的步驟與小技巧

選米

由於胚芽米的營養與膳食纖維高於白米，又比糙米容易被剛接觸天然食材的孩子腸胃適應，所以建議一開始讓孩子食用胚芽米，吃了一段時間後再循序加入糙米和十穀米，至於使用有機米或是大廠牌的米均可，只要確認是新鮮好米即可。

洗米

米約清洗 2 次左右，且要快速洗淨，一方面避免營養素流失，一方面煮好的米飯會較為清香。先量好米量放在鍋（內鍋）裡，用自來水清洗一次後再用過濾水清洗一次，洗好後加入適量的內外鍋水放進電鍋內待煮。

內外鍋
水量

內鍋 通常幾杯米就是幾杯水（同一個計量杯子），若想要胚芽米更加軟爛可多加 0.5 杯的水、糙米和十穀米可多加 1-2 杯水，因為較為軟爛的米比較容易打製。

外鍋 不管煮多少的米量外鍋都只放 1 杯水就足夠了。

悶煮

當電鍋開關跳起後，不要馬上掀開鍋蓋，利用電鍋裡的蒸氣讓內鍋米飯燜 15 ～ 20 分鐘，這樣米飯會更軟 Q、香味更濃郁，也比較好製作成食物泥。

翻動

取出內鍋，並用飯匙攪拌、放冷，讓多餘的水蒸氣散去，讓米更蓬鬆柔軟，較易打製。

加水打製

使用全食物調理機打製米泥時，水量較多打製出來的泥會較稀，水量較少打製出來的泥會較濃稠，建議稠度要適中，一方面孩子喜歡濃稠有口感的食物泥；另一方面可以讓孩子練習咀嚼。

因此建議第一次打製時可將米與水少量慢慢地加入食物調理機內打製，若太稠再慢慢地增加水量即可（熟練後水的比例就比較容易拿捏），打製到完全無顆粒為止。

TIPS

❶ 內鍋：內鍋是放食材的鍋子，也就是電鍋中待煮的鍋子。
外鍋：電鍋本身。

❷ 「量杯」：以電鍋附贈的米杯為計量工具。

❸ 熟米和水的打製比例（以重量 g 為計量）
熟米和水的打製比例約為 1：1~1：1.5 左右，依孩子喜好度調整。但不要低於比例，避免水分過少孩子易便秘；高於比例，避免水分過多孩子易脹氣。

1號主食 胚芽米

食用對象	新食材優點	食材份量	食物泥量
一開始吃食物泥的孩子	胚芽米富含維生素E、維生素B群，纖維高於白米	1杯胚芽米	打製約700g

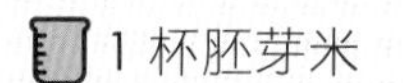

作法步驟

1. 1杯胚芽米洗淨（不用泡）
2. 內鍋1.5杯水、外鍋1杯水
3. 按下開關煮米
4. 開關跳起不開蓋燜煮15-20分鐘
5. 取出內鍋攪拌、放涼
6. 將食材分次或全數放入食物調理機，加開水打製
7. 打製成又細又稠完全無顆粒的食物泥、裝入分裝盒冷凍

TIPS

❶ 建議米儘量現煮處理，不僅新鮮、容易打製成泥、稠稀度也較好拿捏。

❷ 不管量米、量內外鍋的水，都要使用同一個量杯才能提高準確度。

❸ 測試後孩子若對胚芽米過敏，可先用白米替代，待一段時間後再換胚芽米。

❹ 胚芽米膳食纖維高於白米，孩子開始吃食物泥就要多喝開水避免便秘。

❺ 若有嚴重便秘狀況，可先以（白米半量＋胚芽半量）讓孩子食用。

2號主食 胚芽米＋米豆

食用對象	新食材優點	食材份量	食物泥量
已吃過 ・胚芽米 無過敏的孩子	米豆富含蛋白質、膳食纖維、眾多維生素和礦物質	1 杯胚芽米 1/4 杯米豆	打製約 750g

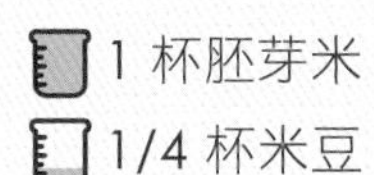

作｜法｜步｜驟

1. 1 杯胚芽米 +1/4 杯米豆洗淨
2. 內鍋 1.5 杯水、外鍋 1 杯水
3. 按下開關煮米
4. 開關跳起不開蓋燜煮 15-20 分鐘
5. 取出內鍋攪拌、放涼
6. 將食材分次或全數放入食物調理機，加開水打製
7. 打製成又細又稠完全無顆粒的食物泥、裝入分裝盒冷凍

TIPS

❶ 米豆與穀類一同烹煮，經「互補作用」可提升蛋白質利用率。且米豆的蛋白質易被人體消化吸收，對孩子來說是優質的蛋白質來源。

❷ 米豆衣的維生素 B 群含量豐富，不需去外衣 (剝皮)。

❸ 若擔心米豆引發脹氣，可先少量添加。米和米豆比例最多約 1:1/4。也可先將米豆浸泡過夜，去除表皮抑芽素，讓豆子完全膨脹，再清洗過與米一同烹煮。

❹ 米豆富含膳食纖維，孩子要多喝開水避免便秘。若有便秘可先暫停食用米豆或減量添加。

3號主食 胚芽米 + 米豆 + 糙薏仁

食用對象

新食材優點

食材份量

食物泥量

食用對象	新食材優點	食材份量	食物泥量
已吃過 · 胚芽米 · 米豆 無過敏的孩子	糙薏仁含粗纖維、豐富的維生素B群、蛋白質，對過敏體質有幫助，且含有薏仁脂可幫助消化吸收	1 杯胚芽米 1/4 杯米豆 1/10 杯糙薏仁	打製約 800g

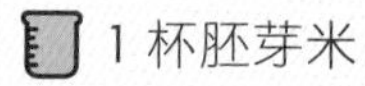

作法步驟

1. 將食材洗淨
2. 內鍋 1.5 杯水、外鍋 1 杯水
3. 按下開關煮米
4. 開關跳起不開蓋燜煮 15-20 分鐘
5. 取出內鍋攪拌、放涼
6. 將食材分次或全數放入食物調理機，加開水打製
7. 打製成又細又稠完全無顆粒的食物泥、裝入分裝盒冷凍

TIPS

❶ 糙薏仁有抗過敏作用，每公斤體重每天食用約 0.5 ～ 1 公克（例如 :10 公斤的孩子， 每天約食用 5 ～ 10 公克），食用糙薏仁需適量。

❷ 通常進口白色大顆的白薏仁多已去糙皮，營養成分降低，而糙（紅）薏仁因保留糙皮，所以纖維質和維生素營養含量較高。

4號主食 糙米＋米豆＋糙薏仁

食用對象	新食材優點	食材份量	食物泥量
已吃過 ・胚芽米 ・米豆 ・糙薏仁 無過敏的孩子	糙米富含維生素 B 群、膳食纖維及眾多維生素、礦物質，可增加腸胃蠕動、 防止便祕	1 杯糙米 1/4 杯米豆 1/10 杯糙薏仁	打製約 900g

作｜法｜步｜驟

1. 將食材洗淨
2. 內鍋 1.5 杯水、外鍋 1 杯水
3. 按下開關煮米
4. 開關跳起不開蓋燜煮 15-20 分鐘
5. 取出內鍋攪拌、放涼
6. 將食材分次或全數放入食物調理機，加開水打製
7. 打製成又細又稠完全無顆粒的食物泥、裝入分裝盒冷凍

TIPS

❶ 糙米能增加腸胃蠕動且富含益生質，一開始食用時照顧者可觀察孩子是否有腸胃蠕動太過快速所造成的不適現象，若有就先停止食用糙米，暫時恢復為胚芽米，也可以一半胚芽米搭配一半糙米，慢慢轉換。

❷ 由於糙米富含膳食纖維，照顧者一定要讓孩子喝足量的開水才能讓孩子排便順暢。

❸ 煮糙米前可以先浸泡 3～4 小時醒米，但若沒有太多時間，洗淨無浸泡也沒關係。

5號主食 糙米＋米豆＋糙薏仁＋南杏仁

食用對象	新食材優點	食材份量	食物泥量
已吃過 ・糙米 ・米豆 ・糙薏仁 無過敏的孩子	南杏仁富含蛋白質、眾多維生素、礦物質，加入豆類和穀類一同食用，可彌補胺基酸組成不完整的缺點	1 杯糙米 1/4 杯米豆 1/10 杯糙薏仁 1/10 杯南杏仁	打製約 900g

作法步驟

1. 將食材洗淨
2. 內鍋 1.5 杯水、外鍋 1 杯水
3. 按下開關煮米
4. 開關跳起不開蓋燜煮 15-20 分鐘
5. 取出內鍋攪拌、放涼
6. 將食材分次或全數放入食物調理機，加開水打製
7. 打製成又細又稠完全無顆粒的食物泥、裝入分裝盒冷凍

TIPS

❶ 選購時要買完整顆粒、無添加的南杏仁。

❷ 食用南杏仁需適量，建議初期食用時 1 杯米添加 1/10 杯南杏仁。

❸ 生的南杏仁可與米飯一起煮，已低溫烘培的南杏仁可直接和熟米一起打製。

6 號主食
糙米 + 米豆 + 糙薏仁 + 南杏仁 + 黑芝麻

食用對象	新食材優點	食材份量	食物泥量
已吃過 · 糙米 · 米豆 · 糙薏仁 · 南杏仁 無過敏的孩子	黑芝麻富含維生素 B 群、鈣、鐵及多種維生素、礦物質，含較多粗纖維	1 杯糙米 1/4 杯米豆 1/10 杯糙薏仁 1/10 杯南杏仁 1/10 杯黑芝麻	打製約 900g

作法步驟

1. 將食材洗淨
2. 內鍋 1.5 杯水、外鍋 1 杯水
3. 按下開關煮米
4. 開關跳起不開蓋燜煮 15-20 分鐘
5. 取出內鍋攪拌、放涼
6. 將食材分次或全數放入食物調理機，加開水打製
7. 打製成又細又稠完全無顆粒的食物泥、裝入分裝盒冷凍

TIPS

❶ 選購時要買完整顆粒、無添加的黑芝麻。

❷ 生黑芝麻可與米飯一起煮，已低溫烘培的黑芝麻可直接加入熟米飯中打製。

❸ 黑芝麻富含鐵質、鈣質與油脂，是孩子補鐵、補鈣與攝取天然油脂的好來源。

❹ 鈣質能幫助孩子安眠、穩定情緒，多讓孩子運動、晒太陽，產生維生素 D 讓鈣質更好令身體吸收。

7號主食 十穀米＋米豆＋糙薏仁＋南杏仁＋黑芝麻

食用對象

新食材優點

食材份量

食物泥量

食用對象	新食材優點	食材份量	食物泥量
已吃過 ‧糙米 ‧米豆 ‧糙薏仁 ‧南杏仁 ‧黑芝麻 無過敏的孩子	十穀米包含糙米及各式穀類，富含維生素B群、蛋白質、礦物質、各種微量元素及膳食纖維	1杯十穀米 1/4杯米豆 1/10杯糙薏仁 1/10杯南杏仁 1/10杯黑芝麻	打製約900g

作｜法｜步｜驟

1. 將食材洗淨
2. 內鍋1.5-2杯水、外鍋1杯水
3. 按下開關煮米
4. 開關跳起不開蓋燜煮15-20分鐘
5. 取出內鍋攪拌、放涼
6. 將食材分次或全數放入食物調理機，加開水打製
7. 打製成又細又稠完全無顆粒的食物泥、裝入分裝盒冷凍

TIPS

❶ 十穀米可自行買米搭配或購買市面上已配好的，內容會隨品牌不同而有差別，因此購買時可以仔細閱讀成份後再選購。

❷ 十穀米中的糙米比例最好佔40%左右，且不含豆類（例如：紅豆、黃豆、綠豆……）。

❸ 十穀米可先泡4-8小時後再放入電鍋燜煮，若沒有時間浸泡也沒關係。1杯十穀米可搭配內鍋1.5-2杯水，會比較軟爛、好打製。

7號餐之前

1號餐　胚芽米

2號餐　胚芽米 + 米豆

3號餐　胚芽米 + 米豆 + 糙薏仁

4號餐　糙米 + 米豆 + 糙薏仁

5號餐　糙米 + 米豆 + 糙薏仁 + 南杏仁

6號餐　糙米 + 米豆 + 糙薏仁 + 南杏仁 + 黑芝麻

7號餐　十穀米 + 米豆 + 糙薏仁 + 南杏仁 + 黑芝麻

7號餐之後的主食添加

1～7號主食都測試完，維持前面7樣食材並添加其他新的食材。

雪蓮子、扁豆、亞麻子、三色藜麥、莧籽、小米、黃豆、黑豆、堅果類（杏仁果、核桃、腰果、胡桃……）。

以上這些食材各有其營養價值與不同功效，以適量添加為原則，切勿一次加量太多導致過量。

TIPS

❶ 豆類加入穀類中一起煮，比例原則為「穀類：所有豆類＝1：1/4」，這樣才不易因豆類過多導致孩子脹氣不適。

❷ 部分堅果類較易引發過敏，建議1歲後再給孩子適量食用，一種一種漸進嘗試，避免一次多種或過量食用。

如何清洗及處理葉菜

蔬菜的清洗與處理是很重要的一環，因為事關農藥是否清洗乾淨、營養是否在清洗過程中流失。

清洗的步驟與小技巧

清水大量沖洗

買回蔬菜後不切開、不處理，先用清水大量沖洗一次。

浸泡或流水沖擇一使用

- 清洗後的蔬菜不切開直接浸泡蔬果劑約 1-2 分鐘，去除水溶性農藥。
- 將蔬菜浸泡在小蘇打水中約 5 分鐘後，用流動的水再清洗蔬菜約 5-10 分鐘。

再次大量清水沖洗

再次用清水沖洗，將蔬果劑、小蘇打沖洗乾淨，並沖掉葉子和菜梗上黏著性較強的髒汙。也可以用軟毛牙刷清洗葉菜尾端。

包心葉菜類 剝除外層農藥較多的葉子（約 1-2 層），切成四等分後將莖心去除，再一葉一葉撥開用過濾水洗淨。

葉菜類 切除後段根莖部分，將葉子與梗一葉葉直立於過濾水下清洗。

十字花科類 將綠花椰的花一朵朵切下，並用刀子或刨刀將硬梗上的表皮剝除（削除），再用過濾水沖洗乾淨。

附著於蔬菜上水溶性農藥可藉由蔬果劑、小蘇打及大量清水沖洗可去除，但脂溶性農藥就必須藉由汆燙才能除去，汆燙方式和時間依蔬菜種類不同而異，相同的是要用最少的水量汆燙蔬菜，讓營養儘可能不流失。

汆燙時可以加入薑片去寒，初期薑片可撈起，孩子越吃越多時可將薑片一起加入打製（1-2 片）。

包心葉菜類
1. 水煮滾放入高麗菜
2. 水蓋過菜葉 (用工具將菜葉壓入水中，一次燙一些)
3. 用中大火汆燙約 2 ~ 3 分鐘，水再次滾沸即可夾出

葉菜類
1. 水煮滾放入葉菜
2. 水量不用多，儘蓋過葉菜即可
3. 用中大火汆燙約 1 分鐘

十字花科類
1. 水煮滾放入綠花椰菜的花和梗
2. 水量不用多，儘蓋過花和梗在水中翻滾煮炒
3. 約 1-2 分鐘水再次滾沸即可起鍋

汆燙完的菜類放溫冷後可打製，由於葉菜類汆燙後菜葉、菜梗中帶水分，因此**打製時不需加水，即可將蔬菜打成泥狀**。

TIPS

1. 汆燙蔬菜的水不能再拿來使用或當高湯喝，因水中已含脂溶性農藥。
2. 高麗菜和綠花椰屬性溫和低敏，加上兩者的清甜會中和其他葉菜類的味道，因此當作基底能讓蔬菜泥好吃好入口。
3. 市售蔬果劑選擇無活性介面、環境賀爾蒙物質，或 100% 天然油脂萃取，盡可能在去除蔬果上殘留的塵土、髒污、果蠟、脂溶性農藥及有害化學物質之餘不污染水源、土壤。

1號蔬菜 高麗菜

食用對象	新食材優點	食材份量
一開始食用食物泥的孩子	高麗菜富含膳食纖維、維生素 B 群、維生素 C、維生素 K，維生素 K 有助維生素 D 及鈣質吸收	1/4 顆中型高麗菜

作法步驟

1. 將食材洗淨
2. 水滾後汆燙 2-3 分鐘撈出
3. 撈出放 10 分鐘瀝乾、冷卻
4. 全數放入食物調理機打製（不加水）
5. 裝入分裝盒冷凍

TIPS

❶ 不要將高麗菜剁碎或切細後汆燙，避免汆燙過程流失過多水溶性維生素 B 群和維生素 C。

❷ 高麗菜切 4 等分後毋須再切碎，汆燙時較容易夾出。

❸ 孩子若有腸胃不適、生病、易腹脹、腹瀉的狀況，建議少量或暫停食用。

❹ 真正的有機高麗菜，外葉因光合作用含有豐富的維生素 K 可食用，但須打製得細碎泥爛，避免纖維過粗，孩子吞嚥與食用困難，腸胃也易不適。

2 號蔬菜
高麗菜 + 花椰菜

食用對象

已吃過
・高麗菜
無過敏的孩子

新食材優點

含多種維生素與微量元素，尤其維生素 B 群和維生素 C 含量高（約為檸檬的 3.5 倍），具抗氧化成分

食材份量

1/4 顆中型高麗菜
1/6 株中型花椰菜

作｜法｜步｜驟

1. 將食材洗淨
2. 水滾後汆燙高麗菜和綠花椰菜
3. 撈出放 10 分鐘瀝乾、冷卻
4. 全數放入食物調理機打製（不加水）
5. 裝入分裝盒冷凍

TIPS

❶ 汆燙時務必只用少量的水（蓋過食材即可），滾水後將綠花椰的花和梗一起放入水中翻滾煮炒，開中火約莫 1-2 分鐘，再次水滾即可起鍋，快速汆燙可避免水溶性營養流失過多。

❷ 由於綠花椰菜屬十字花科，吃多易脹氣，適量食用即可。

❸ 綠花椰菜的莖部營養價值與花不同，因此可將外皮剝除後，連同花一起打製成泥給孩子食用。

02 綠色蔬菜

3 號蔬菜
高麗菜＋花椰菜＋當季綠色葉菜類 1 種

食用對象

已吃過
· 高麗菜
· 綠花椰菜
無過敏的孩子

新食材優點

綠色葉菜含各式維生素和葉酸，可促進發育、安定神經；鈣質能幫助骨骼發展，纖維可促進腸胃蠕動，與水分相互配合更可預防便祕。

食材份量

1/4 顆中型高麗菜
1/6 株中型綠花椰菜
1/4 把當季葉菜類 1 種

作｜法｜步｜驟

1. 將食材洗淨
2. 水滾後汆燙食材
3. 撈出放 10 分鐘瀝乾、冷卻
4. 全數放入食物調理機打製（不加水）
5. 裝入分裝盒冷凍

TIPS

❶ 綠色葉菜類汆燙時只需用少量的水，先滾水後將葉菜類放入水中，水只需要些微蓋過菜，開中火約莫 1 分鐘再次滾水時即可起鍋，快速汆燙可避免水溶性營養素流失過多。

❷ 菜葉與菜梗所提供的營養不同，但都是人體所需，因此去除根部後，蔬菜的整體均可食用。

❸ 汆燙時間：高麗菜約 2-3 分鐘、綠花椰菜約 1-2 分鐘、綠色葉菜類約 1 分鐘。

4 號蔬菜
高麗菜＋花椰菜＋當季綠色葉菜類 2 種

食用對象

已吃過
· 高麗菜
· 綠花椰菜
· 3 號當季葉菜
無過敏的孩子

新食材優點

蔬菜是指深綠色、深紅色、紫紅色……的葉菜，富含 β-胡蘿蔔素、葉綠素、花青素、葉黃素、番茄紅素，顏色越深，含鈣、鐵、β-胡蘿蔔素、維生素 B2 及維生素 C 越多

食材份量

1/4 顆中型高麗菜
1/6 株中型綠花椰菜
1/4 把當季葉菜類 2 種

作法步驟

1. 將食材洗淨
2. 水滾後汆燙食材
3. 撈出放 10 分鐘瀝乾、冷卻
4. 全數放入食物調理機打製（不加水）
5. 裝入分裝盒冷凍

TIPS

隨著孩子的月齡越來越大，吃的量也會越來越多，因此高麗菜和綠花椰菜量可減少一些，但必須當做基底，各式綠色葉菜類可循序漸進地增加種類與量。

5 號蔬菜 高麗菜＋花椰菜＋當季綠色葉菜類 3 種或多種

食用對象

已吃過
· 高麗菜　· 綠花椰菜
· 4 號蔬菜中的 2 種綠色葉菜
無過敏的孩子

食材份量

1/2 顆中型高麗菜＋1/3 株中型綠花椰菜＋1/6 把當季綠色葉菜類 3 種～多種（一次測試一種新葉菜）

作｜法｜步｜驟

1. 將食材洗淨
2. 水滾後汆燙 2-3 分鐘撈出
3. 撈出放 10 分鐘瀝乾、冷卻
4. 全數放入食物調理機打製（不加水）
5. 裝入分裝盒冷凍

TIPS

❶ 每種葉菜營養均不同，可依季節更替食用，非當季菜類農藥較多不建議購買。

❷ 常見葉菜類：青江菜、地瓜葉、龍鬚菜、A 菜、小松菜、（紅、白）莧菜、芥藍菜、紅鳳菜、山蘇、皇宮菜、菠菜、空心菜、過貓、秋葵、福山萵苣……。較為寒涼的葉菜不建議打製成泥，待銜接後再以固態形式食用即可。

❸ 嬰幼兒藉由食物泥熟悉各種葉菜的味道，用 1.5-2 年的時間，養成孩子愛吃蔬菜的好習慣，長大後通常較不會有挑食偏食的問題。

蔬菜準備量說明

採買高麗菜和綠花椰菜時可用相同的量體比較，例如：

大顆高麗菜與大顆綠花椰菜相比、小顆高麗菜與小顆綠花椰菜相比

EX：1/4 顆高麗菜 +1/6 朵綠花椰，1/6 朵綠花椰菜不會只有 1-2 小朵花椰菜，因此若一次製作 1/2 顆高麗菜，就會是 1/3 朵綠花椰。

綠色蔬菜量

1/4 把（添加 1-2 種蔬菜）、1/6 把（添加 3- 多種蔬菜）綠色蔬菜，以菜市場、超市 ..... 購買的 1 把或一袋為基準。

TIPS 不管 1/4 把或 1/6 把都不會是「幾片葉子或 2-3 根菜」。

添加多種「綠色葉菜類」

每次打製最多 5 種綠色葉菜類 原因：

1. 高麗菜與花椰菜基底量相同，但綠色蔬菜若一次超過 5 種，那清甜的味道會被菜味取代。
2. 若買過多綠色葉菜製作給孩子吃，剩下的量能放置的時間短，家中不見得每天開火，幾天後剩餘的綠色蔬菜營養流失又不新鮮。

5 號餐之後

如想吃到多種綠色葉菜類，可每 1-2 週製作一次，並更換其它不同種類的綠色蔬菜即可。

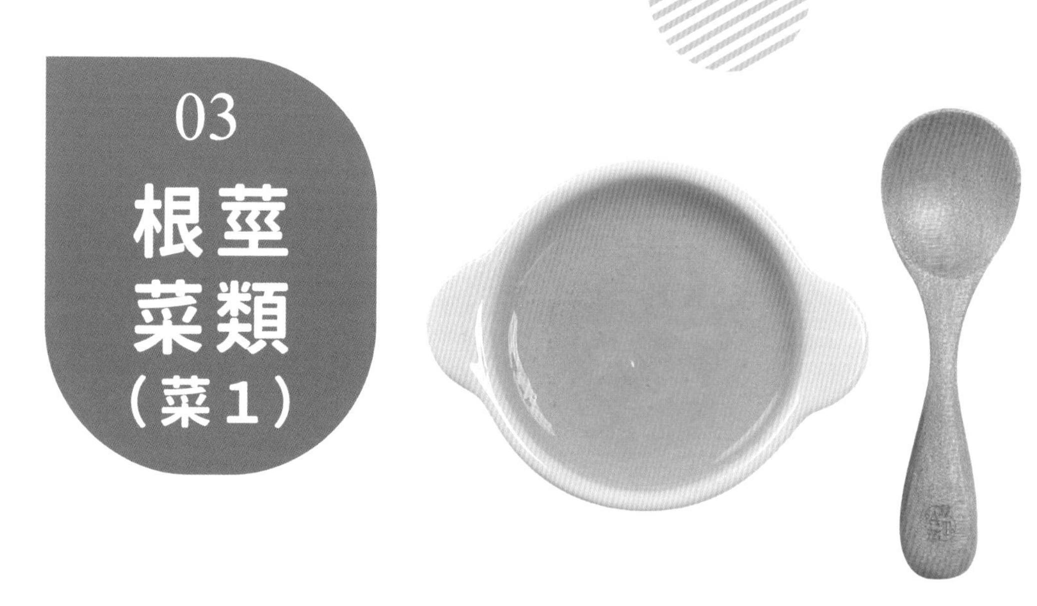

如何清洗及處理根莖類

根莖菜類要將外層的土或農藥完全清洗乾淨，並避免營養流失。

清洗的步驟與小技巧

清水沖洗

像地瓜、蓮藕、紅蘿蔔、馬鈴薯、甜菜根等帶土的根莖類食材，先用清水浸泡幾分鐘，並在水中用軟刷將表面泥土刷去，再用清水沖淨。

削皮切塊

將清洗好的地瓜、蓮藕、紅蘿蔔、馬鈴薯、甜菜根、山藥削皮，並切成適當大小即可，切太小營養會在蒸煮的過程中快速流失。

牛蒡可用刀背將表皮刮除（不可用刨刀），刮除後的表皮呈現咖啡色為氧化的正常現象，不需一直刮除。

若為有機栽種或清洗後確認安全無虞，除了山藥、甜菜根外，地瓜、蓮藕、紅蘿蔔、馬鈴薯只要檢查是否有壞損部分並切除後，均可帶皮一起蒸煮。

食材皮與肉的營養成分完全不同，部分食材可全部烹調食用，孩子可以吃到全食物的營養，營養更加豐富均衡。

將切塊的食材放入內鍋中，水剛好蓋過食材或 8 分滿，在外鍋放 0.5-1 杯水，壓下開關蒸煮，開關跳起後燜煮 20 分鐘即可開蓋拿出食材。

放冷打製

將食材放冷後就可以打製成泥，原本蒸煮食材的水就是「高湯」，可以適量加入食材中一起打製。

由於每個孩子每天所食用的餐數與分量不同，因此文中提及的份量也會依照每個孩子的飲食狀況不同而改變，只要父母或照顧者細心觀察，就能知道孩子每餐食用的量，也能清楚地拿捏製作時的分量。

TIPS

❶ 根莖類食材的比例是以大小相搭配
EX：大顆的地瓜與大節的蓮藕相搭配，中型地瓜與中節蓮藕相搭配。

❷ 栗子、蓮藕……季節性食材可以先買起來、處理好後分裝冷凍，要製作食物泥時就不怕採買不到。

03 根莖菜類

1 號根莖菜類 地瓜(蕃薯)

 食用對象	 新食材優點	 食材份量
一開始食用食物泥的孩子	地瓜含有鉀、鈉、鈣、鎂、鐵、胡蘿蔔素、維生素 B 群、維生素 C(耐熱,抗氧化)、E,並富含纖維質,適度食用能幫助腸蠕動	1～2 根中型地瓜

作｜法｜步｜驟

1. 食材洗淨切塊
2. 內鍋水蓋過食材、外鍋半杯水
3. 按下電鍋開關開始煮
4. 開關跳起不開蓋燜煮 15-20 分鐘
5. 撈出食材待冷卻(湯、料分開)
6. 食材放入食物調理機,加入高湯打製
7. 打成又細又稠完全無顆粒的小分子食物泥,裝入分裝盒冷凍

TIPS

❶ 地瓜不論煮、炸、烤等料理方法皆不會破壞其中的維生素 C,因為其所含的維生素 C 為「結合型維生素 C」,其特性為耐熱,在高溫下仍能保持原來的營養素含量。

❷ 地瓜有分黃地瓜、紅地瓜、紫地瓜……不同品種,購買方便取得的即可。

❸ 發芽的地瓜還是可以食用,只是營養成分會被芽吸收,建議買回家放在陰暗處,並儘快食用完畢。

❹ 蒸煮的湯就是高湯,打製時湯蓋過食材即可

2號根莖菜類 地瓜＋栗子

食用對象

吃過
・地瓜
無過敏的孩子

新食材優點

栗子含有維生素 B 群、礦物質、不飽和脂肪，補腎益脾胃

食材份量

1 ～ 2 根中型地瓜
2 ～ 3 顆栗子

作｜法｜步｜驟

1. 食材洗淨切塊
2. 內鍋水蓋過食材、外鍋半杯水
3. 按下電鍋開關開始煮
4. 開關跳起不開蓋燜煮 15-20 分鐘
5. 撈出食材待冷卻（湯、料分開）
6. 食材放入食物調理機，加入高湯打製
7. 打成又細又稠完全無顆粒的小分子食物泥，裝入分裝盒冷凍

TIPS

❶ 購買栗子時要注意生栗子仁是否帶有酸味或過白，避免酸敗及漂白。

❷ 可購買已將硬殼剝除但帶內皮的栗子仁，內皮會黏著在栗子肉上，剝去內皮後才能進行蒸煮，剝內皮的方法：

・將栗子放在碗中加入熱水（保溫瓶 90°C 水即可）。

・第一次浸泡熱水 1 分鐘，換熱水第二次浸泡 1 分鐘拿出，揉搓栗子，內膜就會立即剝落（因為剛從熱水中拿出，栗子燙手要小心）。

❸ 栗子吃多、吃快都會因難消化而讓腸胃不適，因此需適量食用，且在給孩子食用時更需打製成細緻的小分子，讓孩子好消化、好吸收。

號根莖菜類
3 地瓜 + 栗子 + 蓮藕

食用對象

吃過
· 地瓜
· 栗子
無過敏的孩子

新食材優點

蓮藕富含鐵質、鉀、鈣，煮熟後能補氣、補血、潤肺

食材份量

1 根中型地瓜
2 ～ 3 顆栗子洗淨
2 節蓮藕洗淨切塊

作|法|步|驟

1. 食材洗淨切塊
2. 內鍋水蓋過食材、外鍋 0.5-1 杯水
3. 按下電鍋開關開始煮
4. 開關跳起不開蓋燜煮 15-20 分鐘
5. 撈出食材待冷卻（湯、料分開）
6. 食材放入食物調理機，加入高湯打製
7. 打成又細又稠完全無顆粒的小分子食物泥，裝入分裝盒冷凍

TIPS

❶ 蓮藕有季節性，為了避免買到漂白或含化學清洗劑的蓮藕，建議購買帶土蓮藕確保食用安全。也可在產季時先將蓮藕處理好分裝冷凍，非產季時可用。

❷ 市售洗滌好的蓮藕，要購買自然黃褐色不要太白的蓮藕，並聞聞是否有蓮藕的清香味，還是化學藥劑、酸腐發臭的味道，避免買到進口或已放很久的蓮藕。

❸ 「蓮斷絲連」，切蓮藕與打製蓮藕時，常會有細絲連結，常被誤會為毛髮或棉線，若產生這樣的絲不用過於擔心，只要將其從食物泥中取出即可。

❹ 若孩子不喜歡喝水，單獨蒸煮無調味的蓮藕水稀釋後可讓孩子當開水喝。喜歡喝水的孩子每天可適量一杯。

4 號根莖菜類
地瓜 + 栗子 + 蓮藕 + 山藥

食用對象

吃過
· 地瓜 · 栗子
· 蓮藕
無過敏的孩子

新食材優點

山藥富含蛋白質、各種維生素、胺基酸，煮熟後能保健腸胃、健脾補肺

食材份量

1 根中型地瓜
2 ～ 3 顆栗子洗淨
2 節蓮藕洗淨切塊
1 小節山藥

作｜法｜步｜驟

1. 食材洗淨切塊
2. 內鍋水蓋過食材、外鍋 0.5-1 杯水
3. 按下電鍋開關開始煮
4. 開關跳起不開蓋燜煮 15-20 分鐘
5. 撈出食材待冷卻（湯、料分開）
6. 食材放入食物調理機，加入高湯打製
7. 打成又細又稠完全無顆粒的小分子食物泥，裝入分裝盒冷凍

TIPS

❶ 山藥具有雌激素，適量食用並不會有刺激賀爾蒙的疑慮。

❷ 適量食用山藥其黏液能保護腸胃。

❸ 山藥會咬手，在處理山藥時儘量不要讓山藥及其黏液碰觸到除了手心外的皮膚，不然易紅腫發癢。

03 根莖菜類

5 號根莖菜類 地瓜＋栗子＋蓮藕＋山藥＋洋蔥

食用對象

吃過
・地瓜 ・栗子
・蓮藕 ・山藥
無過敏的孩子

新食材優點

洋蔥富含各式營養素及礦物質，尤其內含的鈣質、植物殺菌素具抗氧化功效，對於生病感冒的孩子好處多

食材份量

1 根中型地瓜
2～3 顆栗子洗淨
2 節蓮藕洗淨切塊
1 小節山藥
1/4 顆洋蔥

作｜法｜步｜驟

1. 食材洗淨切塊
2. 內鍋水蓋過食材、外鍋 0.5-1 杯水
3. 按下電鍋開關開始煮
4. 開關跳起不開蓋燜煮 15-20 分鐘
5. 撈出食材待冷卻（湯、料分開）
6. 食材放入食物調理機，加入高湯打製
7. 打成又細又稠完全無顆粒的小分子食物泥，裝入分裝盒冷凍

TIPS

❶ 煮熟的洋蔥甜美可口，沒有辛辣味。

❷ 購買洋蔥時，已去除外皮的洋蔥較無法久放且新鮮度與營養都易流失。

❸ 洋蔥過量食用易導致脹氣，適量即可。

❹ 洋蔥有多種顏色與品種，可交替食用。

❺ 洋蔥處理時需先去除外皮後洗淨，再切塊使用。

❻ 洋蔥建議單獨蒸熟：將洋蔥放在碗中放水蓋過 1/2 洋蔥，外鍋放 1/4 杯水蒸熟，跳起後不開蓋悶 10 分鐘後取出即可打製。

6 號根莖菜類
地瓜＋栗子＋蓮藕＋山藥＋洋蔥＋牛蒡

食用對象

吃過
・地瓜・栗子
・蓮藕・山藥
・洋蔥
無過敏的孩子

新食材優點

牛蒡富含膳食纖維與多種營養素，菊糖有助於益生菌在腸道的發展，纖維可刺激腸胃蠕動有助排便，適量牛蒡可增加體力與活力

食材份量

1 根中型地瓜
2～3 顆栗子洗淨
2 節蓮藕洗淨切塊
1 小節山藥
1/4 顆洋蔥
1/4 根中型牛蒡

作｜法｜步｜驟

1. 食材洗淨切塊
2. 內鍋水蓋過食材、外鍋 0.5-1 杯水
3. 按下電鍋開關開始煮
4. 開關跳起不開蓋燜煮 15-20 分鐘
5. 撈出食材待冷卻（湯、料分開）
6. 食材放入食物調理機，加入高湯打製
7. 打成又細又稠完全無顆粒的小分子食物泥，裝入分裝盒冷凍

TIPS

❶ 牛蒡有益身體健康，但纖維質多不好消化，因此製作牛蒡給孩子食用時務必適量，並將牛蒡打製成細小分子的泥狀，讓孩子腸胃好吸收消化。

❷ 牛蒡外皮不但富含營養素也富含甜味，因此若為有機牛蒡可不需刮除外皮，用軟刷洗淨後可直接下鍋熬煮。

❸ 若要去除牛蒡外皮，可在清洗後用刀背刮外皮即可，避免浪費。

❹ 牛蒡因富含鐵質，因此去皮就會快速氧化，建議去皮、切段後立刻放入水中。

7號根莖菜類 地瓜＋栗子＋蓮藕＋山藥＋洋蔥＋牛蒡＋甜菜根

食用對象

新食材優點

食材份量

吃過
．地瓜．栗子
．蓮藕．山藥
．洋蔥．牛蒡
無過敏的孩子

甜菜根富含綜合營養素，其中以穩定孩子情緒的維生素 B 群及補血的鐵質，對孩子的健康有很大助益

1 根中型地瓜
2 ～ 3 顆栗子洗淨
2 節蓮藕洗淨切塊
1 小節山藥
1/4 顆洋蔥
1/4 根中型牛蒡
1/8 顆中中小型甜菜根

作｜法｜步｜驟

1. 食材洗淨切塊
2. 內鍋水蓋過食材、外鍋 0.5-1 杯水
3. 按下電鍋開關開始煮
4. 開關跳起不開蓋燜煮 15-20 分鐘
5. 撈出食材待冷卻（湯、料分開）
6. 食材放入食物調理機，加入高湯打製
7. 打成又細又稠完全無顆粒的小分子食物泥，裝入分裝盒冷凍

TIPS

❶ 甜菜根富含鐵質，因此肉為紅紫色，削、切時會流出紅色汁液，但因品種不同，也有肉質顏色偏白的甜菜根。

❷ 給孩子吃的甜菜根務必煮熟才能打製，但為避免蒸煮過程讓營養流失太多，因此建議用少量的水蒸熟後燜煮 5 ～ 10 分鐘。

❸ 甜菜根雖屬寒性食材且含天然硝酸鹽，但營養價值高，適量食用有益健康。

7 號餐之前 的根莖菜類添加

1 號餐 地瓜

2 號餐 地瓜 + 栗子

3 號餐 地瓜 + 栗子 + 蓮藕

4 號餐 地瓜 + 栗子 + 蓮藕 + 山藥

5 號餐 地瓜 + 栗子 + 蓮藕 + 山藥 + 洋蔥

6 號餐 地瓜 + 栗子 + 蓮藕 + 山藥 + 洋蔥 + 牛蒡

7 號餐 地瓜 + 栗子 + 蓮藕 + 山藥 + 洋蔥 + 牛蒡 + 甜菜根

7 號餐之後

7 號餐前的食材儘量固定，現階段因氣候暖化加上台灣技術發達，很多季節性食材都可延長種植期或儲存較長的時間，因此只要是當季的食材均可以在 7 號後加入。

例如菱角、蓮子、蘆筍、苦瓜……一歲後也可以加入南瓜，但若沒辦法買到或時間不足處理，僅吃到 7 號餐也沒關係，營養也很豐富。

04

根莖豆類（菜2）

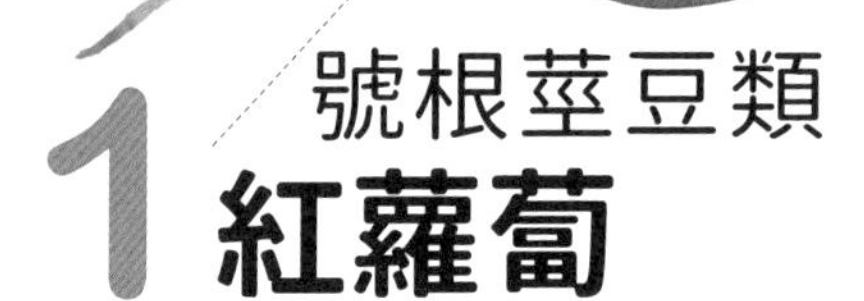

1 號根莖豆類 紅蘿蔔

食用對象	新食材優點	食材份量
一開始吃食物泥的孩子	紅蘿蔔含胡蘿蔔素及各式營養，可保護視力、抗氧化	1 根中型紅蘿蔔

作｜法｜步｜驟

1. 食材洗淨切塊
2. 內鍋水蓋過食材、外鍋半杯水
3. 按下電鍋開關開始煮
4. 開關跳起不開蓋燜煮 15-20 分鐘
5. 撈出食材待冷卻（湯、料分開）
6. 食材放入食物調理機，加入高湯打製
7. 打成又細又稠完全無顆粒的小分子食物泥，裝入分裝盒冷凍

TIPS

❶ 若為市售無帶土的進口紅蘿蔔，建議將外皮削去；台灣栽種帶土或有機紅蘿蔔，洗淨後可連皮一同食用，將紅蘿蔔的全營養讓孩子吃下肚。

❷ 紅蘿蔔富含脂溶性維生素，當孩子銜接固體食物後就可用油炒紅蘿蔔，讓孩子更完整地吸收維生素 A。

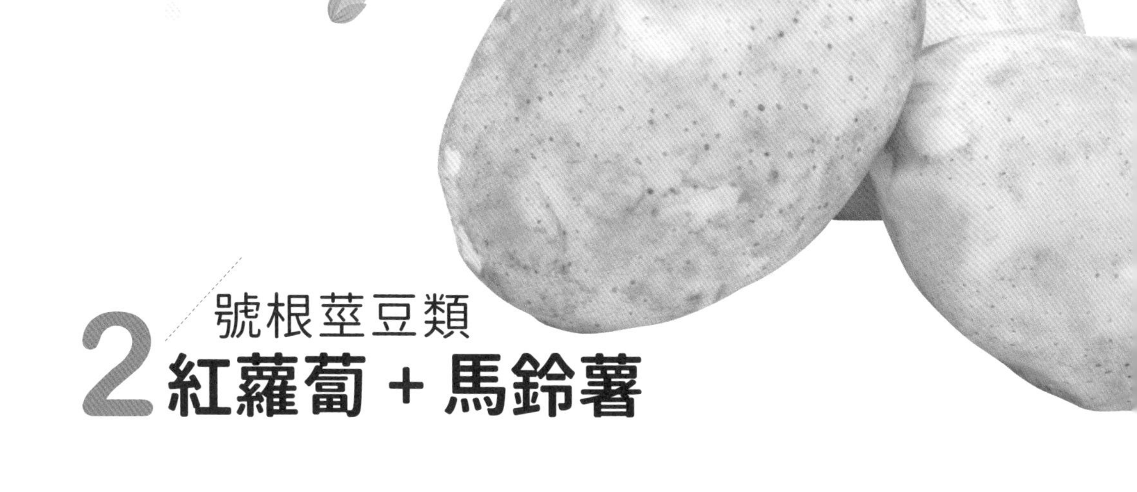

2 號根莖豆類 紅蘿蔔 + 馬鈴薯

食用對象	新食材優點	食材份量
已吃用過 ・紅蘿蔔 無過敏的孩子	馬鈴薯含澱粉、蛋白質、維生素 B 群、維生素 C，馬鈴薯的蛋白質屬於完全蛋白質，能充分地被身體消化吸收	1 根中型紅蘿蔔 + 2 顆中型馬鈴薯

作｜法｜步｜驟

1. 食材洗淨切塊
2. 內鍋水蓋過食材、外鍋 0.5-1 杯水
3. 按下電鍋開關開始煮
4. 開關跳起不開蓋燜煮 15-20 分鐘
5. 撈出食材待冷卻（湯、料分開）
6. 食材放入食物調理機，加入高湯打製
7. 打成又細又稠完全無顆粒的小分子食物泥，裝入分裝盒冷凍

TIPS

❶ 發芽或皮已變綠、變紫的馬鈴薯含有龍葵鹼，龍葵鹼吃下肚會引發中毒，因此購買時要特別注意是否有長芽及外皮顏色變化狀況。

❷ 若為市售無帶土馬鈴薯，建議將外皮削去；台灣栽種帶土或有機馬鈴薯則可連皮一同食用，將馬鈴薯的全營養吃下肚。

❸ 馬鈴薯蒸煮後會出現白色泡沫，那是馬鈴薯本身的澱粉質，撈掉即可。

04 根莖豆類

3 號根莖豆類 紅蘿蔔＋馬鈴薯＋蘋果

食用對象

新食材優點

食材份量

食用對象	新食材優點	食材份量
已吃用過 ・紅蘿蔔 ・馬鈴薯 無過敏的孩子	蘋果富含纖維、鈣、鎂與各式礦物質、維生素，是很好的抗氧化及防癌食物	半根中型紅蘿蔔 2 顆中型馬鈴薯 1/4 顆蘋果

作｜法｜步｜驟

1. 食材洗淨切塊
2. 內鍋水蓋過食材、外鍋 0.5-1 杯水
3. 按下電鍋開關開始煮
4. 開關跳起不開蓋燜煮 15-20 分鐘
5. 撈出食材放 15 分鐘左右冷卻（將湯、料分開）
6. 食材放入食物調理機，加入高湯打製（湯剛好蓋過食材即可）
7. 打製又細又稠完全無顆粒後裝入分裝盒冷凍

TIPS

❶ 將蘋果蒸煮過一方面可中和蘋果的酸性；另一方面可減少生食時的生菌，也因蘋果甜度不似其他水果那麼高，很適合當作食物泥中的食材。

❷ 蘋果屬於高纖食材，建議適量添加，再依照月齡慢慢增量。

❸ 由於目前蘋果大多仰賴進口，表皮多有打蠟或防腐成分，建議削皮去核後使用。

❹ 蘋果單獨放在碗中（不加水），外鍋放 1/4 杯水蒸熟，跳起 5 分鐘後立刻取出，放冷即可打製。

號根莖豆類

4 紅蘿蔔＋馬鈴薯＋蘋果＋豆類

食用對象

新食材優點

食材份量

食用對象	新食材優點	食材份量
已吃用過 ・紅蘿蔔 ・馬鈴薯 ・蘋果 無過敏的孩子	豆仁富含植物性蛋白質、礦物質、維生素 B 群及膳食纖維，因是完全蛋 白質，所以易於被人體吸收利用	半根中型紅蘿蔔 2 顆中型馬鈴薯 1/4 顆蘋果 一小把豆仁

作｜法｜步｜驟

1. 食材洗淨切塊
2. 內鍋水蓋過食材、外鍋 0.5-1 杯水
3. 按下電鍋開關開始煮
4. 開關跳起不開蓋燜煮 15-20 分鐘
5. 撈出食材放 15 分鐘左右冷卻（將湯、料分開）
6. 食材放入食物調理機，加入高湯打製（湯剛好蓋過食材即可）
7. 打製又細又稠完全無顆粒後裝入分裝盒冷凍

TIPS

❶ 豆仁的外皮富含養分，千萬別把豆仁的外皮剝除。

❷ 豆仁包含了毛豆、皇帝豆、青豆……，各式豆仁可依季節交替食用，一次無須買多，適量就好，可冷凍保存。

❸ 適量攝取豆仁補充蛋白質，但勿過量避免造成脹氣。

5號根莖豆類 紅蘿蔔＋馬鈴薯＋蘋果＋豆類＋玉米

食用對象

新食材優點

食材份量

食用對象	新食材優點	食材份量
已吃用過 ・紅蘿蔔 ・馬鈴薯 ・蘋果 ・豆類 無過敏的孩子	玉米富含澱粉、蛋白質、膳食纖維，能夠保護視力，對腸胃蠕動消化也有助益	半根中型紅蘿蔔 2顆中型馬鈴薯 1/4顆蘋果 一小把豆仁 1/4根玉米

作｜法｜步｜驟

1. 食材洗淨切塊
2. 內鍋水蓋過食材、外鍋0.5-1杯水
3. 按下電鍋開關開始煮
4. 開關跳起不開蓋燜煮15-20分鐘
5. 撈出食材放置15分鐘左右，冷卻（湯、料分開）
6. 食材放入食物調理機，加入高湯打製
7. 打製又細又稠完全無顆粒後裝入分裝盒冷凍

TIPS

❶ 玉米因農藥多，建議多加清洗、浸泡，也不建議將整根玉米放入水中熬湯。

❷ 先將生玉米粒剝下放入碗中，碗中放水剛好蓋過玉米，外鍋用1/3杯水，跳起後燜約10分鐘開蓋拿起，避免蒸煮過久造成營養流失過多。

❸ 玉米的營養成分多集中在胚芽部分，剝玉米粒時將胚芽部分儘量切下。

6號根莖豆類

6 紅蘿蔔＋馬鈴薯＋蘋果＋豆類＋玉米＋青椒

食用對象

新食材優點

食材份量

食用對象	新食材優點	食材份量
已吃用過 ・紅蘿蔔 ・馬鈴薯 ・蘋果 ・豆類 ・蘋果 無過敏的孩子	青椒富含青椒素及維生素 A、C 等營養，能增進食慾、讓腸胃蠕動、幫助消化	半根中型紅蘿蔔 2 顆中型馬鈴薯 1/4 顆蘋果 一小把豆仁 1/4 根玉米 1/4 青椒

作｜法｜步｜驟

1. 食材洗淨切塊
2. 內鍋水蓋過食材、外鍋半杯水
3. 按下電鍋開關開始煮
4. 開關跳起不開蓋燜煮 15-20 分鐘
5. 撈出食材放置 15 分鐘左右，冷卻（湯、料分開）
6. 食材放入食物調理機，加入高湯打製
7. 打製又細又稠完全無顆粒後裝入分裝盒冷凍

TIPS

❶ 青椒不用紅、黃、橘椒替代，這類彩椒可在 7 號後添加。

❷ 青椒的蒂頭多農藥殘留，清洗時要將蒂頭完整去除。

❸ 椒類不可高溫烹煮太久，建議青椒切塊放在碗中不放水，外鍋放 1/4 杯水，開關跳起後燜 5 分鐘拿出或用滾水煮約 1 分鐘後拿起。

04 根莖豆類

7 號根莖豆類 紅蘿蔔＋馬鈴薯＋蘋果＋豆類＋玉米＋黑木耳

食用對象

新食材優點

食材份量

食用對象	新食材優點	食材份量
已吃用過 · 紅蘿蔔 · 馬鈴薯 · 蘋果 · 豆類 · 蘋果 · 青椒 無過敏的孩子	黑木耳富含蛋白質、鈣、鐵及各種維生素，可補血、補鈣，且其中豐富的植物膠質成分有清潔腸胃道的功能，能刺激腸胃道蠕動、防止便祕	半根中型紅蘿蔔 2 顆中型馬鈴薯 1/4 顆蘋果 一小把豆仁 1/4 根玉米 一片中大片黑木耳

作｜法｜步｜驟

1. 食材洗淨切塊
2. 內鍋水蓋過食材、外鍋半杯水
3. 按下電鍋開關開始煮
4. 開關跳起不開蓋燜煮 15-20 分鐘
5. 撈出食材放置 15 分鐘左右，冷卻（湯、料分開）
6. 食材放入食物調理機，加入高湯打製
7. 打製又細又稠完全無顆粒後裝入分裝盒冷凍

TIPS

❶ 黑木耳可選購乾木耳，也可以買溼木耳，購買時要先聞聞是否有酸臭味或刺鼻的味道，通常正常的黑木耳是沒有味道的。

❷ 清洗黑木耳浸泡的水應該是無色無味的，可用牙刷輕刷黑木耳正反兩面，將灰塵和黏著在上面的木屑刷洗乾淨。

7 號餐之前的根莖豆類添加

1 號餐 紅蘿蔔

2 號餐 紅蘿蔔 + 馬鈴薯

3 號餐 紅蘿蔔 + 馬鈴薯 + 蘋果

4 號餐 紅蘿蔔 + 馬鈴薯 + 蘋果 + 豆類

5 號餐 紅蘿蔔 + 馬鈴薯 + 蘋果 + 豆類 + 玉米

6 號餐 紅蘿蔔 + 馬鈴薯 + 蘋果 + 豆類 + 玉米 + 青椒

7 號餐 紅蘿蔔 + 馬鈴薯 + 蘋果 + 豆類 + 玉米 + 黑木耳

7 號餐之後

7 號餐前的食材儘量固定，現階段因氣候暖化加上台灣技術發達，很多季節性食材都可延長種植期或儲存較長的時間，因此只要是當季的食材均可以在 7 號後加入。

7 號後的根莖豆類可以加入：番茄、甜椒、玉米筍、茄子、皎白筍、當季的瓜類……。

食物泥該怎麼吃？
全方位的營養來源

食物泥不僅是嬰幼兒的離乳食
更是所有人的營養早餐和點心
好吸收消化的食物泥提供完整均衡的營養
讓每個人都得到健康

食物泥食用方式

食用原則：

滿 4 個月的孩子可以開始吃食物泥

一種新食材混合舊食材食用 4 ~ 7 天，無過敏反應後再加入另一種新食材。

爲了食物泥的搭配食用方式讓大家容易看懂，因此將食物泥 1-7 號餐分爲七個階段：

第一階段	第二階段	第三階段	第四階段	第五階段	第六階段	第七階段
1 號餐 開始吃	1 號餐 舊食材 + 2 號餐 新食材	2 號餐 舊食材 + 3 號餐 新食材	3 號餐 舊食材 + 4 號餐 新食材	4 號餐 舊食材 + 5 號餐 新食材	5 號餐 舊食材 + 6 號餐 新食材	6 號餐 舊食材 + 7 號餐 新食材

食用方式：

第一階段 1 號餐有 4 種新食材，將測試過的舊食材搭配 1 種新食材

第一階段	1 號主食		1 號蔬菜		1 號菜 1		1 號菜 2	1 餐總量
第 1-4 天	1 號主食 新 12.5g							12.5g
第 5-8 天	1 號主食 12.5g	+	1 號蔬菜 新 12.5g					25g
第 9-12 天	1 號主食 12.5g		+		1 號菜 1 新 12.5g			25g
第 13-16 天	1 號主食 25g	+	1 號蔬菜 / 菜 1 兩種任選 12.5g			+	1 號菜 2 新 12.5g	50g

第一階段吃法表格

第一階段	1 號主食	1 號蔬菜	1 號菜 1	1 號菜 2	1 餐總量
第 1 天	新 12.5g				12.5g
第 2 天	12.5g				12.5g
第 3 天	12.5g				12.5g
第 4 天	12.5g				12.5g
第 5 天	12.5g	新 12.5g			25g
第 6 天	12.5g	12.5g			25g
第 7 天	12.5g	12.5g			25g
第 8 天	12.5g	12.5g			25g
第 9 天	12.5g		新 12.5g		25g
第 10 天	12.5g		12.5g		25g
第 11 天	12.5g		12.5g		25g
第 12 天	12.5g		12.5g		25g
第 13 天	25g	12.5g		新 12.5g	50g
第 14 天	25g	12.5g		12.5g	50g
第 15 天	25g	12.5g		12.5g	50g
第 16 天	25g	12.5g		12.5g	50g

第一階段（1 號餐）4 種食材都測試過後，就進入第二階段（1 號餐 +2 號餐）

第二階段	1 號餐＋ 2 號餐		1 餐總量
第 1-4 天	2 號主食 新 25g	1 號蔬菜 / 菜 1/ 菜 2 三種任選共 25g	50g
第 5-8 天	2 號主食 25g	2 號蔬菜 新 12.5g ／ 1 號菜 1 ／菜 2 兩種任選共 12.5g	50g
第 9-12 天	2 號主食 25g	2 號菜 1 新 12.5g ／ 1 號蔬菜 / 菜 2 兩種任選共 12.5g	50g
第 13-16 天	2 號主食 25g	2 號菜 2 新 12.5g ／ 1 號蔬菜 / 菜 1 兩種任選共 12.5g	50g

依此類推，不斷加入新食材測試，從第一階段循序吃到第七階段，甚至更多食材。

TIPS

建議 1 號餐製作時可多做一些，因為：

- 第一階段（1 號餐）食材全部測試完過敏後可以 4 大類食物泥混合 50g 多吃幾天，讓孩子更加適應食物泥，並同時追足開水量。
- 2 號餐新食材需搭配 1 號餐舊食材，一種一種測試孩子的過敏反應。
- 依照上述方式類推，每種階段有 4 種新食材，不斷加入測試，從第一階段循序漸進測試吃到第七階段，若父母還有時間可以添加更多食材。

食用比例

當食物泥食用超過 50g 時，主食和菜類搭配比例如下 ----

主食：各式菜類（蔬菜＋菜 1 ＋菜 2）總和＝ 1：1

範例：

50g 食物泥	＝	25g 主食	＋	25g 各式菜類總和
75g 食物泥	＝	37.5g 主食	＋	37.5g 各式菜類總和
100g 食物泥	＝	50g 主食	＋	50g 各式菜類總和
125g 食物泥	＝	62.5g 主食	＋	62.5g 各式菜類總和
150g 食物泥	＝	75g 主食	＋	75g 各式菜類總和
200g 食物泥	＝	100g 主食	＋	100g 各式菜類總和
250g 食物泥	＝	125g 主食	＋	125g 各式菜類總和
300g 食物泥	＝	150g 主食	＋	150g 各式菜類總和

……依此比例類推，3 大菜類每餐平均添加，若無法平均，可用輪替的方式讓一整天營養均衡。

TIPS

❶ 食物泥冰磚對切步驟

一顆冰磚 25g，為了讓孩子熟悉食物泥的味道、稠度、學習咀嚼吞嚥，並讓孩子每餐都能吃到多元食材，因此將冰磚對切成 12.5g 讓孩子食用。

STEP1. 將冰磚放置冷藏約 1.5-2 小時即可對切。

STEP2. 對切後分為兩餐讓孩子食用。

STEP3. 切半冷藏的食物泥隔天讓孩子吃完。

❷ 食物泥主食是腦部發育的重要營養

碳水化合物是孩子最主要熱量來源，好的碳水化合物不僅提供成長能量，更是腦部發育的重要營養，本書食物泥中所有的碳水化合物皆為「原型碳水化合物」，也是「複合型碳水化合物」。

而主食食物泥以五穀雜糧和豆類為主，因此每餐的主食需佔全食物泥的一半量，讓孩子能攝取優質且足夠的碳水化合物。

食物泥與奶的搭配

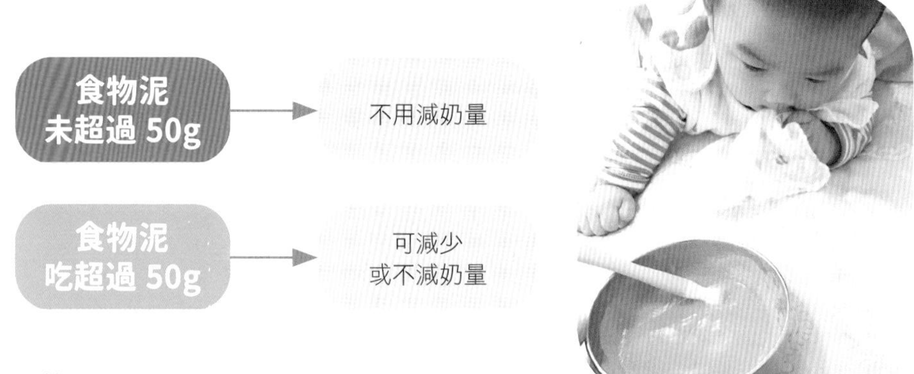

範例：

1. 原本一餐奶量 210cc ＝ 75g 食物泥＋ 135cc 奶量
2. 原本一餐奶量 210cc ＝ 75g 食物泥＋ 135-210cc 奶量

（孩子能喝多少就給多少，讓孩子餐餐吃飽）

食物泥吃超過原本奶量  孩子能喝得下的奶量

範例：

原奶量 210cc

孩子已吃 225g 食物泥，食物泥後可以給孩子還能喝下的奶量，一餐多過原本每餐的食量也沒關係。

TIPS

大部分孩子睡眠足夠就能吃得很好，1 歲半前食物泥吃完若還能再喝下奶，奶都可以給予，但為了避免影響咀嚼，10 個月以上的孩子建議一天四餐食物泥 + 奶。

餵食狀況與時間

剛開始餵食物泥時父母可能會遇到吐舌反應、孩子不熟悉所以抗拒，甚至因為孩子沒有規律作息與充足睡眠導致進食出現問題……，有些父母在不知該如何解決時就會採取「停止餵食物泥、吃其他離乳食或讓孩子只喝奶」的逃避方式，久而久之易導致孩子只願意喝奶且抗拒食物泥。因此，餵食時若遇到困難或問題，請父母必須找出問題並解決，這樣才能讓孩子吃到多元營養、奠定健康的基礎。

（初期）一開始吃食物泥的「吐舌反應」

從 4 個月起，孩子就可以開始吃食物泥，從單一食材到複合多元食材。由於母奶與配方奶是不需咀嚼的，因此一開始吃食物泥時，有些孩子很快就學會咀嚼吞嚥，但有些孩子會產生吐舌反應，將餵入口中的食物泥推出口外、有些含在嘴裡不知如何吞嚥、有些吃得很慢或有嘔吐狀，甚至吃了又用舌頭頂出來，所以不見得每個孩子都能在一開始就吃得很好，但吐舌反應會隨著孩子吃的次數增加而漸漸消失，大約幾天後孩子就能越吃越好、越吃越熟練。

因此在一開始，千萬不要因為孩子吃得不熟練就以為孩子不喜歡，用米餅、過甜的果泥、果汁或重口味食物來吸引孩子。因為一旦養成孩子不喜歡就順著孩子的口味吃的壞習慣，就會變成「父母在幫孩子挑食」，易導致孩子的飲食不均衡，影響了健康。

（初期過後）5 ~ 10 分鐘內餵食完畢

在練習幾天、幾週後，當孩子越來越熟悉且越來越喜歡食物泥時，餵食的速度就可以加快，每餐大約 5 ~ 10 分鐘內餵完，超過這個時間通常孩子就會開始不耐煩、想抓湯匙、抓頭、轉頭、想離開、哭泣、嘔吐，甚至不想吃。因為食物泥餵得越久孩子吃得越慢，孩子吃得越慢耐心就越少，也就越不想吃，父母常會誤以為是孩子不喜歡、食物泥不好吃 ......，但事實上只是因為孩子的耐性大約只有 5 分鐘，因此只要加快餵食的速度，一口接一口地餵，5 ~10 分鐘內孩子一定吃得完，這也是孩子學習「專心」的開始。

看到食物泥就哭

有些孩子看到食物泥，都還沒開始吃就開始哭、叫或生氣，原因如下：

1. 肚子過餓：月齡較小的孩子會因過餓而哭鬧。若食物泥尚未吃超過 50g，便可先餵孩子喝奶，微飽足後再餵食物泥，避免孩子過餓時的不耐。
2. 父母動作太慢：父母準備食物泥的動作太慢、餵食速度太慢，都會讓孩子看到食物泥卻一直吃不到而哭泣。

因此，父母一定要準時餵孩子吃每一餐，也不要邊餵邊用湯匙刮嘴、紗布巾擦嘴，導致餵食速度太慢。

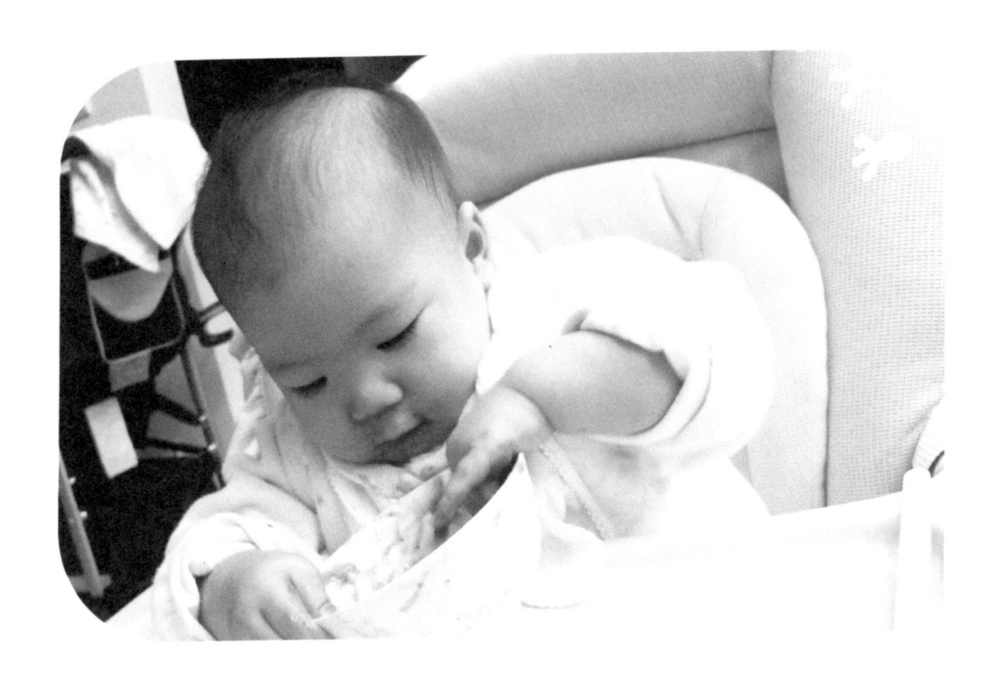

晴媽咪小叮嚀

1. 父母或照顧者也必須專心餵孩子吃每一餐，這樣孩子會從大人身上學習「專心」的態度。
2. 夠稠夠細的小分子食物泥不會有吞嚥、咀嚼和傷腸胃的問題，因此無須擔心吃的速度會讓孩子噎到或讓腸胃受傷。

月齡食物泥量&開水量

月齡	食物泥建議量	一天餐數	一天總水量（勿一次喝）	多元營養
4M	一餐 25-50g	1 餐	50-75 c.c.	4 種食材
5M	一餐 50-100g	2 餐	150-250 c.c.	12 種食材
6M	一餐 100-150g	2-3 餐	250-500 c.c.	20 種食材
7M	一餐 150-200g	3 餐	500-650 c.c.	28 種食材
8-9M	一餐 200-250g	3-4 餐	650-1050 c.c.	36 種食材
10M-1Y	一餐 250-300g	4 餐	1100-1300 c.c.	40 種食材
1Y1M-1Y3M	一餐 300-450g	4 餐	多於食物泥總量	50up 種食材
1Y4M-1Y6M	一餐 450-600g	4 餐	多於食物泥總量	50up 種食材

以上為食物泥孩子普遍的飲食建議量，若想幫孩子增量、增餐，方式如下：

1. **增量時間**：吃的狀況良好、開水又喝得足夠，便可增量。
2. **增量方式**：每次增加 25g（主食一半、菜類一半），持續一週後再增量。
3. **開水喝足**：
   - 父母要陪伴並教導孩子如何。
   - 剛開始從一天喝 15cc 循序增加。
   - 4-6 個月每次約喝 10-30cc
   - 6 個月以上每次約喝 30-50cc
   - 8 個月以上每次約喝 50-80cc
   - 少量多次喝水：開水不能用奶瓶一次大量灌水，不但孩子身體無法吸收，也無助於緩解便秘。
   - 一整天開水量要多過於一整天食物泥量，避免便秘發生。

加熱方式

電鍋加熱方式

1. 食物泥放入碗中，建議用一般瓷碗、可加熱的碗（不可用隔熱碗）。
2. 碗不需要加蓋。
3. 外鍋水量：
   - ．少量解凍食物泥外鍋水量：約 1/3-1/2 杯。
   - ．量多解凍食物泥外鍋水量：約 1/2-1 杯（最多不會超過 1 杯水）。
   - ．冷凍食物泥外鍋水量：約 1/2-1 杯（最多不會超過 1 杯水）。
4. 電鍋跳起後**不開蓋悶** 15-20 分鐘，取出後待冷卻可食用。

（剛起鍋食物泥較稀，放涼冷至可入口的溫度時便會慢慢變稠）

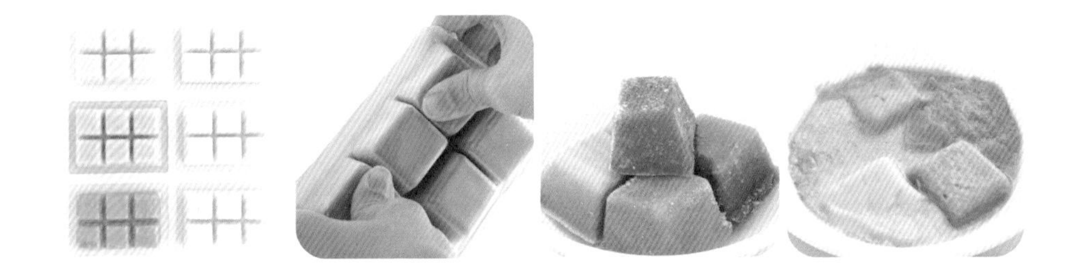

微波加熱方式

1. 因每台微波爐功率不同，一開始可 10-20 秒攪拌一下多次加熱，幾次後就知道需要時間與攪拌次數。
2. 微波水分較容易散失，所以要讓孩子喝更多開水，避免便秘。

TIPS

不管是電鍋加熱或微波加熱，若拿起後放置時間過久（或放在電鍋內時間過久），原本加熱均勻的食物泥會再度凝結成塊狀，一點點塊狀不影響食用，再次攪拌即可。

攜帶外出的方式

孩子小的時候，我們家只要與朋友相約出遊或是聚餐，食物泥一定隨身攜帶，一方面不想為了遊玩而讓孩子的營養失調或吃不飽，另一方面不想讓孩子因為隨便吃導致回家後抗拒吃食物泥，更重要的是不需要為了在外面不知道該讓孩子吃什麼而煩惱。

所以不論如何我們都會帶著食物泥出門，外出攜帶食物泥的方法：

1. 只吃中餐或晚餐

吃飯地點不遠、3-4 小時內食用，在家可先加熱食物泥，放入保溫容器內攜帶出門。我自己很喜歡把冰磚直接放在玻璃保鮮盒內，因為蒸熱後只要蓋上蓋子放入保溫袋就可以帶走。

2. 出門與食用食物泥的時間距離較長或一天會吃 2 餐

將食物泥以冷凍狀態放入有蓋玻璃保鮮盒內，到了吃飯的餐廳或友人家，可以請人員或朋友直接放電鍋加熱，若食物泥冰磚不是裝在玻璃保鮮盒中，就要放在可加熱容器中，可將清楚的加熱方式寫給協助者讓他們方便加熱，並提醒協助者不要在食物泥中加任何東西和水。

若不在餐廳用餐，可至附近超商先詢問是否可借用微波爐加熱，建議父母先做功課了解加熱的方式和秒數，自己操作不麻煩他人。

TIPS

❶ 出門 3 小時以上食物泥均可以冷凍狀態攜帶，讓食物泥慢慢融化，加熱時也較為方便。

❷ 到達聚會地點，我們通常會在大人吃飯前先將孩子餵飽，因為這樣大人就可以好好用餐，孩子也不至於因為肚子餓而想要吃大人的食物。若孩子已經已長出 8 顆牙，我們會攜帶一些手指食物讓孩子一同享用。

3. 需過夜並有 3 餐以上

若在外過夜天數較長，可先將第 2 天起的食物泥寄送到要過夜的地點，並先通知飯店或家人收貨後協助冷凍，若開車且家中有較大型的保冷設備也可隨車攜帶。

第 1 天的餐點照著上述方式準備，第二天起可請飯店或餐廳協助加熱早餐，第二餐請飯店加熱好攜帶外出，第三和第四餐則直接將冰磚放容器中攜帶出門，並照 2. 的方式加熱，每天均可依此方式攜帶與加熱食物泥。

TIPS

1. 訂飯店或餐廳時建議先聯絡確認是否可以協助加熱食物泥。
2. 由於氣候關係，加上每個人處理食物泥的方式不同，食物泥加熱後若有攪拌或換容器，那保存的時間就會較短，建議 3-4 小時內食用完，避免食物泥悶在容器中過久酸敗。

Basic 02 食物泥吃得好的8大訣竅

方法一、每天「固定、規律」的生活作息

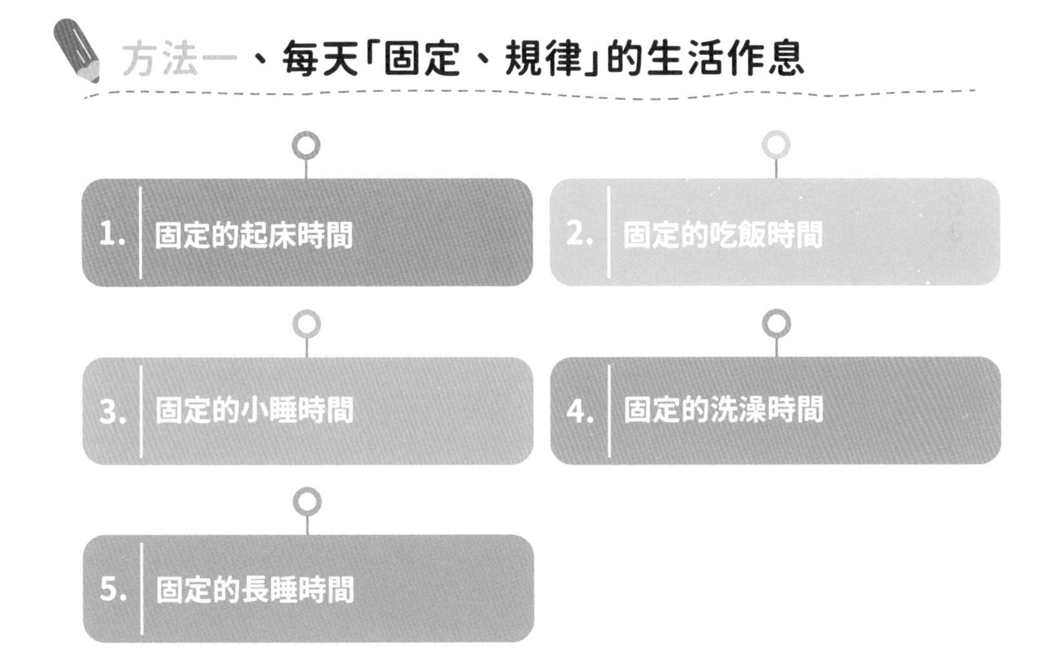

所有的生理時鐘都是固定的，這樣當孩子哭泣時就很容易分辨孩子為什麼哭。

生活規律、有吃飽、有睡飽的孩子，不但好吃、好睡、情緒好，也很好帶。

方法二、「食物泥＋奶」爲同一餐

奶和食物泥為同一餐，每餐 30 分鐘吃完，餐與餐間隔 4 小時，每天每餐時間固定。

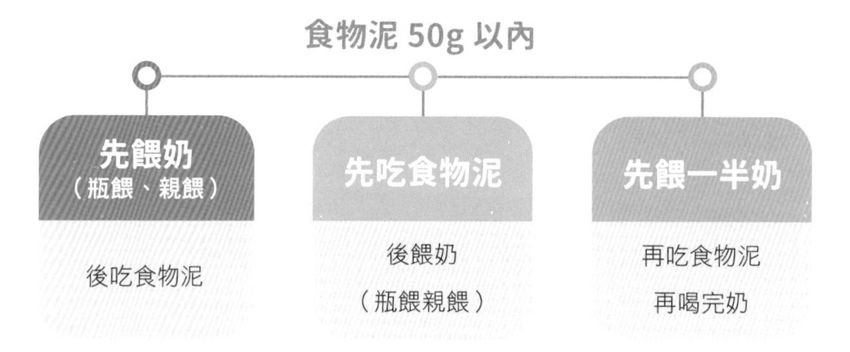

TIPS 為了避免孩子喝完奶吃不下食物泥，可慢慢調整為先吃食物泥後喝奶。

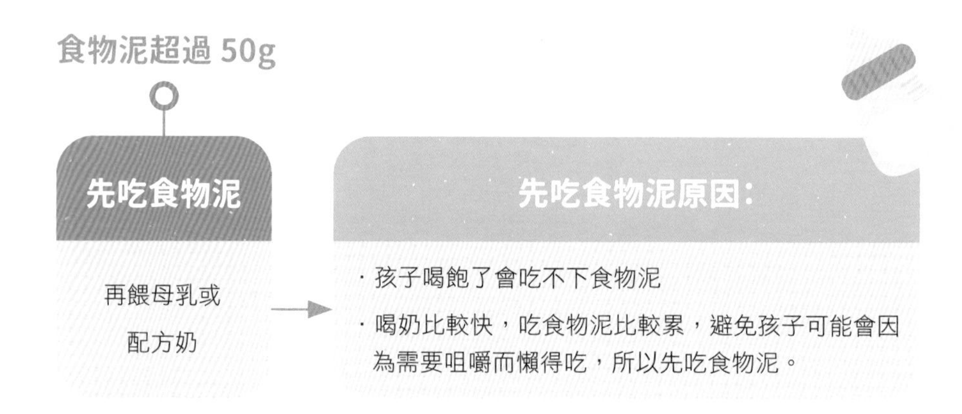

TIPS 錯誤的用餐時間：奶與奶間吃食物泥。

不要把食物泥放在兩餐奶中間吃，大部分的孩子在已經喝飽、下一餐奶前，通常是吃不下太多的食物泥，有些孩子更會抗拒不吃，導致媽媽誤以為孩子不喜歡吃食物泥，其實是孩子吃不下。

方法三、開始吃食物泥就要讓孩子喝開水

孩子從 4 個月開始吃離乳食，不管吃的是哪一種離乳食，都一定要開始學習喝開水，一方面讓孩子習慣開水的味道並學會自主喝水，一方面讓孩子不便秘、身體健康。

喝足開水的孩子，吃完每一餐食物泥一定會在 20 分鐘左右大便，只要有大便小睡就會睡得好，下一餐也會吃得好。但相對的，若孩子因為開水喝不足，大便長期大不乾淨堆積在肚子裡，下一餐雖然餓但卻因為肚子裡都是大便導致有的孩子可能吃不下、甚至嘔出來。

很多父母以為每天都有便便就不會便祕，但其實**「有便便≠大乾淨」**。因此，水量要跟著食物泥量持續往上增加，**「一整天溫開水總量」要 >「一整天的食物泥總量」**，這樣才能有效杜絕便祕，才能讓腸胃舒服、讓飲食與睡眠不因便秘而受到影響。

TIPS

1. 只要孩子醒著就可以喝水，不管是起床時、用餐前、洗澡時、運動時……，父母和照顧者都要陪伴讓孩子喝開水。
2. 父母和照顧者不但要「教」孩子喝開水的方法，更要多陪伴孩子喝水。
3. 不要邊吃食物泥邊喝水，易導致脹氣不適。
4. 每餐 30 分鐘食物泥＋奶，吃完再讓孩子喝水。

晴媽咪小叮嚀

開水喝不足、便秘會發生的睡眠與飲食問題

1. 腸胃不適導致脹氣，孩子不易入睡、睡不好
2. 睡夢中易大便或一起床就大便
3. 大便少、多羊便便
4. 小睡、長睡都容易提早醒
5. 吃不多（任何離乳食、奶都是）、吃不下、不想吃
6. 吃一半、快吃完時就嘔吐

方法四、堅持把關，不依照寶寶喜好選擇食材

父母要為寶寶均衡的飲食把關，不能寶寶不喜歡某種食材就幫寶寶剔除、不給寶寶吃，應先：

1. 少量給予。

2. 和其他舊食材混著一起吃。

讓寶寶先習慣後進而喜歡。食物泥的多元食材能讓寶寶擁有均衡的飲食，寶寶若能從小就吃到各種食材；從小就認識、熟悉每種食材的味道，這樣等到寶寶真正接觸單一的固體食物時，才不會因為沒吃過、不熟悉味道而產生恐懼心理、挑食偏食，也能讓寶寶真正擁有均衡的營養與健康的身體。

孩子剛開始不喜歡吃紅蘿蔔，那照顧者可以減量給予或是和其他食材一起食用：胚芽米＋紅蘿蔔＋高麗菜，如果只是將紅蘿蔔剔除不給孩子吃，那孩子所接觸的食材會因他的喜好而越來越少，甚至越吃越挑食，這樣不但無法從食物中得到均衡的營養，更可能從嬰幼兒時期就養成挑食的習慣。

因此，對於寶寶的飲食父母必須堅持，不然易淪於每餐越吃越少、都要變化菜色、寶寶願意吃的食材只有幾種……這些惡性循環的惡夢之中。

方法五、杜絕過甜的果汁、果泥

很多孩子第一次食用的離乳食就是果泥，也有不少父母為了解決孩子不喝開水的問題，就想用果汁替代開水吸引孩子，但從這些年解決孩子問題的經驗中得知，果泥不適合當作離乳食、果汁更不適合當作開水。

大人吃水果是為了水果的纖維素、蛋白質、膠質與眾多維生素，但壓榨濾過的果泥或果汁，孩子吃進的只剩糖分和糖水而已。另一方面，果泥、果汁的甜度比直接吃水果來得更甜，高糖也會導致孩子對含糖量低的天然食材沒有興趣，更會影響正餐飲食，若孩子因此餐餐吃不好，父母將就讓孩子以奶為主食，這樣不但延誤孩子攝取均衡飲食的黃金時間、更會讓孩子產生挑食、偏食、不愛咀嚼的問題。

水果和果汁並非孩子身體所需，尤其市售果汁可能含有添加物、色素，而這些物質會日積月累的危害孩子健康。因此我們將適量蘋果與其他食材一同打製成食物泥或等孩子長齊 8 顆牙，在吃完正餐食物泥後將較不甜的水果切成薄片讓孩子自己拿著吃，一方面學習手的抓握力，一方面把真正的營養吃進身體裡。

晴媽咪小叮嚀

當然並非每個孩子都會因為吃水果而導致食物泥正餐吃不好，但一方面預防勝於治療，另一方面先杜絕孩子從小就受高糖分食物影響，也不用擔心孩子因甜食而不吃正餐。

方法六、杜絕零食、飲料與食品添加物

很多媽媽都曾問我：「孩子原本食物泥吃得很好，前段時間開始有點排斥，但最近只要看到碗就撇頭或用手推開，若是硬餵還會哭鬧吐掉，怎麼會這樣？該怎麼辦？」

原因可能是吃了以下食物或開水喝不足：

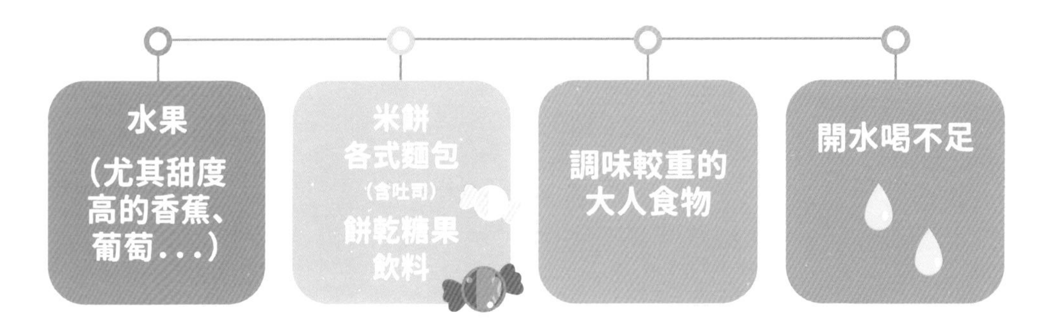

米餅通常是在孩子滿 6 個月後家長購買讓孩子食用的小點心，因為標榜著 6、7 個月以上可以食用，所以通常包裝背後的內容文字就被忽略了，但仔細看成分內容，市售米餅多含有人工添加物、各式糖與鈉，加上不同於食物泥的口感，很多孩子因為食用了米餅，反而不喜歡天然食材的味道，尤其 4~12 個月的孩子若很早接觸各種米餅、餅乾、重口味食物，就易造成孩子對天然食物的排斥。

然而，當接觸過以上的食物，孩子會因為新鮮感而不想吃自已的正餐食物泥，這時不少父母和照顧者的想法「不吃食物泥怎麼辦？不能讓孩子餓肚

子！不然就多少吃點粥、米餅、麵包或大人食物，這樣至少不會餓到。」、「有吃總比沒吃好」、「沒關係，喝奶就好」，也就是因為這樣的做法，聰明的孩子知道只要不吃食物泥就有別的東西吃、可以只喝奶，照顧者也覺得反正不吃食物泥吃別的，吃不飽就喝奶。……，只顧眼前，不管未來的飲食惡性循環也就隨之展開。

長期下來，當孩子 16 顆牙長齊後，媽媽們可能就面臨孩子以下的問題：

因此，除了正餐食物泥、奶與水外，其他非天然的零食、點心與過甜的水果都不建議讓孩子吃。

晴媽咪小叮嚀

不要以為當孩子不願意吃食物泥時，讓孩子吃其他離乳食或大人食物就會改善，往往孩子在牙齒不足的狀況下吃了大人的食物，剛開始是新鮮感，但吃了幾次後孩子因為沒有小臼齒無法將食物咬爛、磨碎，吃多了反而腸胃不舒服。導致越吃越少，甚至幾次後就不想吃，但這時要孩子回頭再吃天然食材製作的食物泥，又必須經過一段時間的矯正與養成，才能再次恢復孩子飲食的正常狀態。

方法七、戒夜奶

「夜奶」，常常從新手媽媽嘴裡聽到這個名詞，少數媽媽滿足於哺餵夜奶的快樂之中，但有更多的媽媽為了夜奶而煩心不已。

喝夜奶有以下幾個原因：

1. 白天沒有吃飽

白天沒喝足或是吃飽的孩子，半夜通常會因為飢餓而醒來。

2. 父母判斷錯誤導致孩子半夜「生理時鐘卡住」

不少父母在半夜聽到孩子哭，就會起床安撫甚至以為孩子要喝奶，因此很多時候父母會抱起孩子安撫或餵奶，結果孩子喝不到幾口奶、甚至不喝繼續哭泣，但這樣的干擾也造成孩子生理時鐘卡住，接下來每天晚上都會在差不多的時間起床。

3. 生活作息不固定

當孩子沒有固定生活作息，就不會有正常的生理時鐘，沒有正常生理時鐘的孩子半夜常會有不睡、起來玩耍、哭鬧或是用夜奶當安撫的狀況發生。

一次的課程中，一位媽媽神情疲憊地前來，她說前一個晚上她餵了 7 次的夜奶，整晚幾乎沒有睡覺，長期下來精神很差也快崩潰了，她覺得自己得了憂鬱症、沒有辦法再照顧自己和孩子。

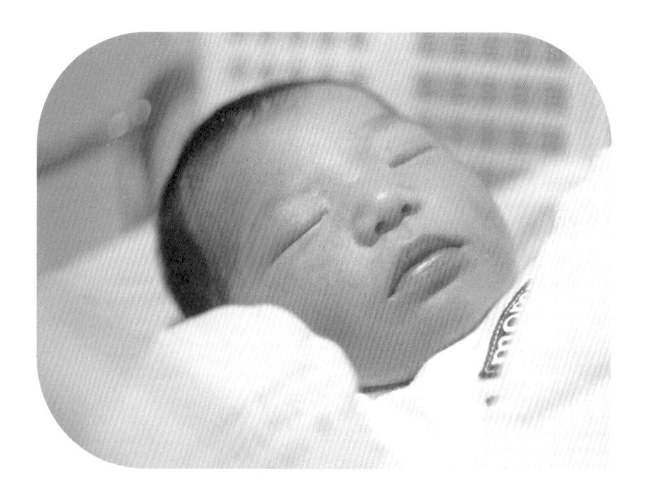

讓孩子不夜奶這件事情對一些媽媽來說很敏感，各

方説法不一，而我對於夜奶所持的立場是：

只要媽媽和孩子都開心、舒服，並不覺得影響睡眠、干擾作息，且媽媽甘之如飴不會到處抱怨，對於孩子白天奶喝得少也覺得沒有關係，那夜奶就是一件幸福的事情。

十多年前，老大滿月後沒幾天，我早上 6 點半要出門上班，每天必須 5 點半起床排空母乳，因此一覺天亮對我來說非常重要，因為我無法一整天拖著疲憊的身體教課，不但影響教學品質，更會讓學生的學習大打折扣，所以媽媽是否能一覺天亮關乎整天的情緒與精神是否穩定。

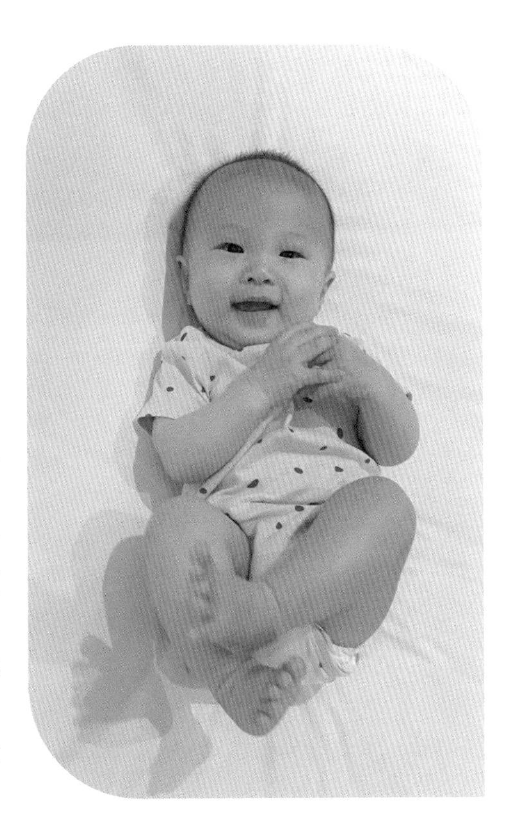

若以孩子來說，嬰幼兒比成人更需要足夠的睡眠，且在睡眠的同時也是身體每個部位休息與成長的時間，而夜奶對於孩子的睡眠品質與腸胃活動會有一定程度的影響，也會因為夜奶而導致白天正餐吃不好，這樣的惡性循環會讓孩子的飲食越來越難導正，因此讓孩子擁有**規律的生理時鐘**，白天吃飽喝足、晚上一覺天亮，對大人和孩子來說都是非常重要的。

晴媽咪小叮嚀

要替孩子戒夜奶，父母必須堅持原則，不然反而會消磨孩子的安全感。方法正確，通常只需要 3 天，就可以完全戒除夜奶，讓孩子一覺天亮。

＊「戒夜奶」、「戒奶嘴」、「自行入睡」可同時進行。

方法八、養成好習慣

「好習慣」，是個常聽到語詞，但養成好習慣可是需要很長的一段時間，有的孩子幾個月就可以樹立好習慣，有的孩子可能要花上 1 年甚至更久的時間。

所謂「好習慣難成、壞習慣難改」，父母一定要從嬰幼兒時期養成孩子的好習慣，才能夠讓壞習慣儘可能地遠離孩子，雖然好習慣養成不容易，但只要父母用耐心、愛心、同理心陪伴孩子，就可以逐日養成，在養成的同時更要隨時叮嚀、告訴孩子正確的觀念，讓孩子不易受外界影響，並請身邊的朋友、長輩們不要用各種方式打破孩子好不容易養成的好習慣。

如此一來，花 3~5 年讓孩子養成的好習慣，孩子也會依循著，且不容易改變並能持之以恆，之後即使上了幼稚園、小學、國中……只要父母持續陪伴與關心，孩子也不容易被同儕的習慣所影響。

然而，若有一天當孩子的好習慣突然轉變時，千萬不要覺得是孩子出了問題，應該要先找出轉變的原因，並尋求解決的方式，所有的好習慣都不會突然改變，一定有某些因素影響了孩子，而做家長的我們如果能立刻發現問題，那孩子的好習慣就不會轉變為壞習慣，長大後也不會成為令人頭痛的孩子，教育也不會變得如此的困難。

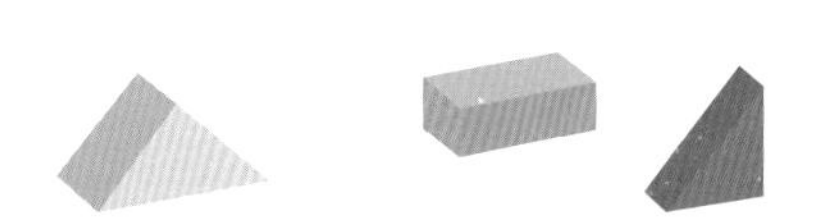

Basic 03 孩子食物泥突然吃不好？

「為什麼孩子突然不吃我做的食物泥？」

「為什麼孩子看到我拿食物泥的碗就哭鬧？」

「為什麼孩子一看到食物泥就撇頭？」

當孩子食物泥吃不好或突然不吃時，父母不要斷然以為是因為：

「我做的食物泥不好吃嗎？」
「孩子吃膩了食物泥？」
「食物泥不適合我的孩子嗎？」

通常孩子不吃食物泥都是有原因的。

孩子食物泥吃不好的原因：

沒有固定規律的生活作息（沒有固定 4 餐時間、睡眠時間混亂）

無法專心用餐，導致一餐吃很久或分多次吃

吃了高糖、高鈉等含有人工添加物的食物

吃了太甜的水果泥或果汁

吃了其他更有口感與味道的食物

吃了含有大量顆粒的食物泥，導致腸胃不適轉而抗拒吃錯誤的食物泥

食物泥食用的比例是否正確

開水喝不足造成便祕或嘔吐導致孩子不想吃

食物泥吃不好的解決方法

只要父母堅持原則，用以下的方法幫助孩子，大多數孩子都可以在 3~7 天調整作息與飲食並回歸正軌。

1. 回歸固定規律作息

讓孩子回歸正常作息，每天該吃的時候清醒著吃、該睡的時間上床睡覺、該起床的時間就起床，並讓孩子清醒著到下一次小睡。

2. 僅吃正餐食物泥

孩子只需要吃正餐，不需要點心，停掉會影響孩子正餐的食物，讓正餐僅有食物泥 + 奶，每餐 30 分鐘。讓孩子的味蕾恢復清新。

3. 5-10 分鐘餵食法

孩子耐性通常只有 5 分鐘，只要食物泥夠細夠稠、完全無顆粒，就可以一口接一口餵食，讓孩子在最有耐性的 5 分鐘內吃完。

4. 不吃收餐

當孩子開始沒耐性或搶湯匙、搶碗、生氣、哭鬧或一餐超過 30 分鐘，照顧者請**溫柔不生氣**的收餐，避免不愉快影響了孩子用餐的情緒和照顧者餵食的心情，收餐後可多讓孩子喝開水。

＊「收餐」一方面要讓孩子知道：「吃不下沒關係，下一餐再吃。」，一方面要讓孩子感受肚子餓的感覺。這樣孩子才會清楚知道吃飯時間要專心、認真吃。

5. 開水量要喝足

孩子每次起床可以先喝開水，每餐餐前、餐後適量喝水、只要醒著隨時都可以讓孩子喝開水，遇到收餐更要讓孩子多喝開水，一方面解飢、一方面避免便秘造成吃不下。

6. 脹氣時的腹部按摩

不少孩子有脹氣的問題，父母除了注意餵奶姿勢要正確避免孩子吸入太多空氣，喝完奶要確實拍嗝外，可以在以下的時間幫助孩子做腹部按摩和腹部運動，幫助排氣：

時間 1：早上起床、每次小睡起床前 5-10 分鐘

時間 2：洗完澡後。

腹部按摩與運動方式：

1. 腹部按摩：

・順逆時鐘按摩：讓孩子躺著，雙手用按摩油搓熱，放在孩子肚子上先順時鐘按圈 10 次、再逆時鐘按圈 10 次。

・雙手輪替由上到下推按腹部 10 次。

2. 腹部運動：

・踩腳踏車：握住孩子雙腿，

・膝蓋上推：握住孩子雙腿，將雙膝來回推向腹部，像踩腳車一樣，連續 10 次。

TIPS

❶ 所有動作均慢慢做，不急躁，效果才會顯著。
❷ 孩子一天喝奶的次數不超過 6 次，就能減緩脹氣的狀況。

7. 父母要堅持原則

導正的第一餐，可能是照顧者與孩子的拉鋸戰，這時就要看誰能堅持原則，若因受不了孩子哭鬧和生氣，大人就放棄原則，孩子的飲食就會成為惡性循環，照顧者也會更加心力交瘁。

Mommy Say

晴媽咪經驗談

防範未然 爲孩子把握黃金關鍵期

在學校的教學經驗與常見的學生問題，讓我深刻體會從嬰幼兒時期陪伴並引導孩子養成作息、睡眠與均衡飲食的好習慣，除了對孩子的健康、情緒、學習有幫助外，更能讓孩子有安全感、建議良好的親子關係。

這些年來，我時常接到媽媽們的求救：「我的孩子已經 1 歲多了（甚至 2-3 歲），不喜歡吃離乳食（固體食物）、只願意喝奶但也喝不多、很淺眠、夜奶戒不掉、愛哭、愛發脾氣、一直黏在我身上……，讓我有時候很生氣，控制不了情緒，但罵過小孩後又很懊悔」。晴媽咪有什麼辦法嗎？

這些媽媽們問題也讓我了解防範未然是唯一的方式，畢竟預防勝於治療，若從嬰幼兒時期就先將孩子的作息、飲食、睡眠調整好，父母就不用在孩子成長過程中不斷為孩子到底該吃什麼、該喝什麼、是不是要吃保健食品補充營養？每天都很晚才睡、睡睡醒醒、白天精神差、情緒不好很愛哭……等等的飲食、睡眠與教養煩心。

孩子還小、沒有受過教育不懂得為自己選擇，身為照顧者的父母如果無時無刻都因孩子的哭鬧而妥協，放棄了原本堅持給孩子最好的飲食，這樣孩子可能會得到一時的滿足，但時間越久問題越多，偏食、挑食、拒食、只吃白飯、麵粉製品、嗜吃糖果零食、愛喝飲料……都可能會發生，這些會導致孩子年紀越大營養越不均衡、專注力低落、學習力不佳，甚至連情緒、行為都無法控制。

但大多數的父母都會覺得孩子還小，或心存僥倖覺得這些情況不可能發生在我的小孩身上，因此很容易錯失引導孩子的黃金時期，這也是讓學校教育變得困難的因素之一。

Basic 04 食物泥與手指食物的搭配

由於食物泥沒有細碎階段皆為泥狀，因此一直以來都有媽媽問我：「除了食物泥外，還有哪些食物可以給孩子食用呢？」

其實又細又稠的食物泥就可以讓孩子練習咀嚼吞嚥，但長期以來的傳統飲食方式和網路資訊讓很多父母擔心只吃食物泥無法讓孩子學習咀嚼，因此使用以下的搭配方式，可以讓食物泥與手指食物同時食用，讓父母擔心的咀嚼問題得到解決。

7-8 個月大

孩子可以開始吃「蛋」

食物泥＋奶＋單獨吃蛋，每餐 30 分鐘結束

吃法：

1. 先給蛋黃，從少量開始。大約 1/8 蛋黃，也就是很小很小一口。
2. 一開始一天吃一次，維持 3-7 天的少量，確認孩子沒有過敏、脹氣或嘔吐反應可再加至 1/4。
3. 依此類推，循序漸進的讓孩子加量吃下去，最多一天一顆。只要每餐食物泥的營養均衡，幾天吃一次也沒關係。
4. 蛋白在蛋黃之後測試，由於蛋白更容易讓腸胃尚未成熟的孩子難消化及引發過敏，因此不少醫生建議一歲後再吃蛋，父母可自行斟酌開始食用的時間。

   若遇到孩子吃了蛋後有嘔吐、脹氣、過敏現象，立刻停止食用。

最了解孩子的是父母，因此何時吃蛋都沒關係，重要的是父母要仔細觀察孩子吃了之後的狀況，再由孩子的狀況決定後續該繼續或停止，因為只有父母能為孩子的身體健康把關。

孩子可以開始吃「近海魚」

食物泥＋奶＋單獨吃魚，每餐 30 分鐘結束

吃法：

1. 食用肉質細緻的近海魚。
2. 可加蔥薑清蒸，無須添加任何調味料。
3. 食物泥吃完再吃魚，不混入食物泥，也不要一口食物泥一口魚。

晴媽咪小叮嚀

- 深海魚有重金屬殘留問題，易造成過敏或過敏加劇，建議 2 歲後再食用。
- 魚打製成泥狀後肉質纖維會纏在一起，易造成孩子吞嚥困難，因此建議直接將要給孩子吃的魚肉輕壓細碎讓孩子食用即可。
- 若父母沒有時間準備，不吃魚也沒關係。

8 顆牙長齊

8 顆牙長齊後孩子可以開始吃「天然食材手指食物」

食物泥＋奶＋手指食物，每餐 30 分鐘結束、偶爾外出時的小點心

吃法：

將菜類汆燙煮軟或蒸熟，切成片狀或條狀讓孩子可以順利地抓握咀嚼，像是綠花椰菜、筊白筍、苦瓜、地瓜、山藥、紅蘿蔔、馬鈴薯……等都是常用的菜類，隨著季節替換準備。

注意事項：

留意手指食物的軟爛度，避免嗆噎，孩子不吃也無需強迫。

16 顆牙長齊

16 顆牙長齊，中餐和晚餐開始循序漸進給予固體食物

固體食物＋食物泥，每餐 30 分鐘結束

吃法：

- 將固體食物慢慢加入每餐間，從一小口飯菜開始給起
- **一開始：**可以先吃讓孩子吃完食物泥再給固體飯菜。
- **有進步：**先給 5-10 分鐘可吃完的固體飯菜量，不用貪多，吃完給食物泥。
- **越吃越好：**固體飯菜量可以增加，食物泥量慢慢減少。

當固體食物越吃越多、食物泥就會循序漸進減少，直到中餐和晚餐轉換為全固體。

當食物泥銜接固體完成，早餐維持吃食物泥，吃完食物泥可以再給孩子其他固體早餐食物，中餐和晚餐固體食量也會持續增加。

2 歲半以上

固體食物銜接完成，約 2 歲半 -3 歲後便可以給予各式堅果

吃完正餐後、外出時的小點心

吃法：

1. 堅果種類眾多，剛開始可以每天讓孩子換不同的堅果食用，每次 2~3 種，每種各 1~2 顆，堅果富含油脂必須適量食用。
2. 每天食用量：孩子自己的一隻手掌可以抓住的堅果量。

TIPS

❶ 務必食用低溫烘焙無任何添加物的堅果，確保新鮮、營養不流失。
❷ 堅果顆粒小，孩子剛吃堅果時父母要在旁陪伴，並教導孩子食用時要細心、小心、專心，避免嗆噎。

食物泥與手指食物的食用原則

8M 孩子 ~ 大孩子正餐食物泥外，可以食用的手指食物及點心會循序漸進越來越多，但父母該有的原則是不變的：

1. 確實讓孩子吃完該月齡的食物泥量，才能在 16 顆牙長期前自然離乳。
2. 一定要在每餐正餐吃完後再給孩子食用這些手指食物。
3. 讓孩子吃天然食材製作的手指食物，遠離加工品，並適量給予。

不管讓孩子吃什麼，好的飲食習慣養成是最重要的，嬰幼兒時期父母若能堅持原則為孩子養成吃天然食材、喝開水、均衡飲食的習慣，並遠離含有人工添加物的食品、飲料，只要堅持到孩子 2~3 歲，孩子長大自然會選擇自己味蕾喜歡、讓身體舒服的食物。

孩子 16 顆牙齒長齊前，只要每天食物泥吃夠量，16 顆牙齒長齊後，約 1 歲 8 個月～ 2 歲間循序漸進銜接固體食物，孩子不但不挑食偏食，也會吃得又多又好。

晴媽咪小叮嚀

「1 歲後不要以奶為主食或單獨某幾餐只喝全奶，孩子就不會在長齊 16 顆牙後懶得咀嚼有纖維（肉類、各種富含纖維的菜類）的固體食物。」

這些年來協助很多父母幫 1 歲半以上非吃食物泥長大的孩子調整飲食，從經驗中了解 16 顆牙長齊前的孩子就算每天只吃正餐食物泥、適量奶和開水，也不會影響孩子的咀嚼能力。

16 顆牙長齊、甚至年紀再大些才讓孩子接觸其他食物、飲料也不會造成孩子心理和心靈受傷。父母千萬不要迷思在網路言論或週邊人的言語中，讓孩子錯失了奠定健康基礎的黃金時期，等孩子年紀越來越大才尋求矯正或花錢讓孩子吃各式營養品、保健品、網路偏方，但往往為時已晚難以矯正或需要花費更多倍的時間與精力。

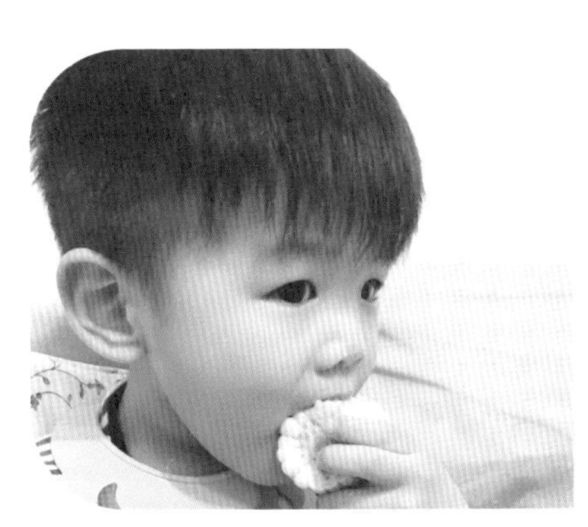

嬰幼兒以外的族群該怎麼吃食物泥

除了嬰幼兒外，舉凡罕病者、特殊障礙者、疾病患者、銀髮族、牙口不好的人、一般成年人、忙碌上班族、挑食偏食的孩子，只要是尋求健康的人都可以吃食物泥，食物泥可以當早餐、當點心、生病沒胃口時的營養來源。

因為沒有任何早餐或點心比含有 30-50 種食材的食物泥更營養均衡，而且在忙碌的生活中，食物泥是最快速可以食用完畢的早餐和點心，快速補充營養、好吸收消化又不傷腸胃，吃完食物泥再吃自己喜歡的其他早餐，就能得到滿滿的營養與快樂。

沒有接觸過食物泥該如何開始？

剛開始可從少量 50g（主食 25g+ 菜類共 25g）吃起，用以下方式搭配食物泥：

1. 加入適量麥片、穀片（市售穀片若含添加物，建議少量加入，習慣就不需添加）。
2. 加入適量水果丁 (切碎、切小，有血糖問題或易嗆噎者不要添加)。
3. 加入少量黃、黑豆漿、鮮奶……當作奶昔或較稠的飲品喝。
4. 加一點楓糖調味（習慣後就可以不再加入，吃食物泥的原味）。

TIPS 加入較多主食的食物泥味道會較香甜；沒有主食或主食較少，菜的味道會比較重。

習慣後可有以下幾種吃法：

吃法 1.（適合一般人）

主食：各式菜類 =1：1

EX： 主食 100g ＋ 3 種菜類共 100g ＝ 200g

吃法 2.
（適合有醫囑不能吃太多穀類或不想攝取太多澱粉的人）

主食少，菜類多

EX： 主食 50g ＋ 3 種菜類共 150g ＝ 200g

吃法 3.
（適合不吃穀類澱粉的人）

不吃主食、全菜類

EX： 3 種菜類任意搭配 共 200g

食物泥量和搭配方式可以隨各人喜好或身體需求增減，因為不管是早餐或點心，食物泥都能提供快速又充足的均衡營養。

營養的食物泥任何年齡層都可以吃，預防勝於治療，趁早為身體健康打底，並秉持著「先吃營養的食物，再吃適量快樂的食物」，讓身體的健康與個人喜好需求達到平衡。

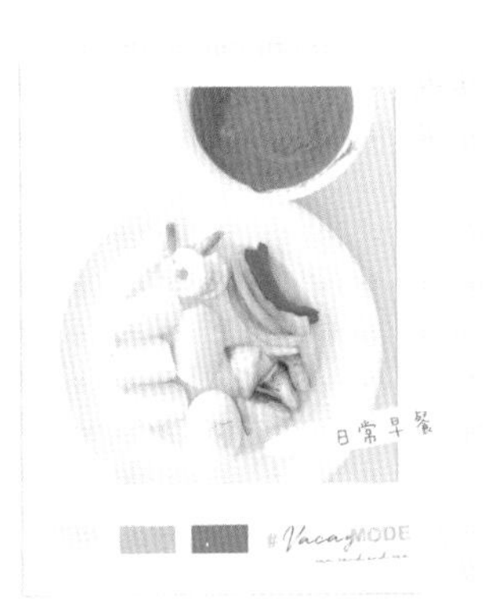

食物泥的 8 大好處

這 10 多年來，我們看到規律作息與食物泥在孩子身上所產生的神奇魔力，不僅是一般的孩子，食物泥在早產的、患有先天疾病、特殊障礙、腸胃不好、過敏等各種孩子身上都發揮了很大的作用。這些孩子因為吃了營養均衡的食物泥，加上適度的運動與充足的睡眠，成長與健康都大幅度地進步。

1

夠綿密、夠細緻的食物泥讓孩子的腸胃好吸收、好消化。

2

從 1 種食材到 N+1 種食材混合打製，除了含有均衡的營養又能讓每種食材不過量。

3

因食材種類多元，父母只要隨著孩子的月齡讓孩子嘗試越來越多新食材，並吃足該月齡該吃的食物泥量，孩子日後就會遠離挑食偏食。

4

搭配足夠的開水，孩子每餐都會有健康又漂亮的便便。

5

小分子食物泥雖然細緻，但稠度足以讓孩子學習「吞嚥」和「咀嚼」。

6

生病、腹瀉、口破 ...... 時，食物泥易吞嚥、易吸收消化、少量多餐可補充生病時所需營養 (腸病毒、喉嚨痛、腸胃型感冒 ...... 都可吃)。

7

食物泥可以讓全家人當早餐，吃完一碗綜合食物泥再吃各式堅果、蔬菜條、蛋、魚 ......，一整個早上就有足夠的營養與能量。

8

大多數的人以為食物泥只是嬰兒期的過渡食物，但事實上不管是嬰幼兒、小孩、銀髮族或生病的人甚至一般人，食物泥都可以提供全方位的營養。

- 嬰幼兒吃可得到均衡營養、為身體奠定健康基礎、養成不挑食的習慣。
- 兒童、青少年吃食物泥早餐，可開啟充滿元氣的一天。
- 忙碌的大人當早餐或點心，都能快速有效率的讓精神飽滿、身體充滿能量。
- 銀髮族、牙口不好、吞嚥不佳者，也能吃食物泥補充營養，讓肌肉不流失。

Basic 06 生病時食物泥怎麼吃

近年來氣候變遷、流行病越來越多元、傳播速度越來越快，孩子很容易因為各種原因而生病，不管是一般感冒、腸胃型感冒、腸病毒、腺病毒、輪狀病毒、諾羅病毒……，共通的狀況都是因生病而導至食慾不佳，難以進食，這時候若能讓孩子吃進營養均衡的食物變得格外重要。

爲什麼生病要吃食物泥？

當孩子生病時除了吃藥外，父母大多束手無策。而最令父母擔心的除了疾病所產生的症狀外，不外乎「吃得下吃不下」這件事，孩子願不願意吃牽動了父母的心，而什麼樣的飲食是孩子生病、腸胃不適、喉嚨痛、鼻塞狀態下比較可能願意吃的天然食物？大概就只有食物泥了，因為：

1. **最容易入口**：食物泥沒有食材的顆粒與稜角，放涼後好吞嚥，不會讓口腔或喉嚨傷口疼痛。
2. **最容易被消化吸收不易嘔吐**：少量多餐的給與，加上小分子的膳食纖維可減緩孩子腹瀉狀況。
3. **最能維持體重**：全食物泥的孩子在生病時也許會因為身體不適而無法吃多，但鮮少拒絕食物泥，雖然吃得比平常少，但只要有吃營養均衡的食物泥，不管是體重、抵抗力與免疫力通常會恢復得較快。

生病時食物泥怎麼吃

1. **少量**：以孩子願意吃、吃得下的量為主。即使只吃 25g、50g，甚至一口、兩口都沒關係，因為每一口都是滿滿的營養。

2. 多餐：1-2 個小時，只要孩子清醒的時間都可以將食物泥蒸熱給孩子吃，願意吃就多吃，吃少也沒關係。

3. 食物泥種類 ---

一般感冒：四大類食物泥都可以食用。

腸胃型疾病：先吃主食，等腹瀉狀況減輕後加入根莖菜類（菜 1）、根莖豆類（菜 2），完全不腹瀉後再加入綠色蔬菜類。

痊癒後食物泥怎麼吃

1. 生病時願意吃食物泥的孩子，病癒後食量便會慢慢恢復。
2. 有些孩子痊癒後食量大增，食物泥吃得更多、更好。
3. 有些孩子在生病時因為吃藥導致味覺改變，不想吃食物泥只願意喝奶，病癒後可以從少量 50g、100g 食物泥開始吃起，幾餐或幾天後，孩子願意吃完便可循序漸進增加食物泥量、減少奶量，再慢慢的恢復到原本生病前每餐的食物泥量即可。
4. 有些孩子生病時父母一切順從需求，病癒後易用哭鬧的方式要求父母；因為生病時可能吃了含糖的吐司、麵包等精緻再製品，導致不再喜歡吃沒有那麼多甜味的食物泥；或在生病時只喝奶，病癒後覺得喝奶比較簡單、吃食物泥咀嚼很累……等原因，這樣的孩子需要較長時間才有辦法恢復正常飲食，這時就要靠父母的堅持、耐心與陪伴才能讓孩子恢復生病前的飲食，不然孩子可能就會因惡性循環倒退成只喝奶不吃任何食物。

我們家孩子腸病毒、一般感冒、流感、Covid 19……都得過，雖然次數不多，但每當孩子生病或腸胃不舒服時，我總是慶幸孩子有規律作息、每天早餐都吃食物泥，才能在小時候和長大生病時有辦法藉由食物泥吃下足夠的營養，縮短病程、體重不降。

TIPS

❶ 腹瀉嘔吐的孩子等停止嘔吐後再給予食物泥，如孩子不願意吃也沒有關係，讓腸胃清空對孩子來說是舒服的事情。

❷ 生病的孩子因為身體不適、嗜睡、食慾不佳……等原因，無法維持原本規律的作息時間，需等孩子痊癒後再慢慢調整回原來的作息即可。

Basic 07 嬰幼兒牙齒保健

我常在陪伴孩子做牙齒定期檢查時，聽到醫生苦口婆心的告訴其他小病人的父母：「不要讓孩子常吃糖」、「餅乾比糖果更容易造成齲齒」、「要每天確實幫孩子刷牙」、「要教孩子如何把牙齒刷乾淨」、「乳牙蛀光了會影響恆齒的成長」

很多父母以為乳牙齲齒沒關係，反正恆牙還會長出來，殊不知乳牙牙根的下方就是正在發育的恆牙牙胚位置，若乳牙齲齒嚴重恐會影響恆牙的健康，若乳牙因嚴重齲齒必須拔除，易導致恆牙的生長空間受到擠壓，造成恆牙成長時排列的不整齊。

除此之外，乳牙齲齒治療的過程不但孩子必須承受很大的疼痛，更可能因恐懼導致配合度低，父母也必須辛苦陪伴，整個治療週期所花費的力氣遠比幫助孩子維持牙齒健康還要多。

我和先生都是從小受齲齒所苦的人，很清楚齲齒時的疼痛難耐及治療時的痛楚與恐懼，因此我們從孩子一出生就有共識要好好守護他們的牙齒。

我們一方面在孩子滿月前就讓他們餐餐吃飽、戒除夜奶，並天天為孩子清潔口腔，長牙後認真幫他們刷牙；並在孩子銜接固體後每餐給予天然食材的食物，家中沒有糖果、餅乾、飲料，孩子也習慣只吃正餐，偶爾在幼兒園或學校帶回家的零食獎勵也是吃完飯後給予，吃不多也不太討，因此牙齒一直都保護得很好。

然而這一切牙齒維護的知識與方法，都起源於我們在為孩子第一次塗氟時做足功課，找到「孩子王兒童牙醫診所」的趙文煊醫師，從趙醫師的看診中獲得非常多關於牙齒的保建知識，從第一次塗氟起，每半年一次的檢查與塗氟成為 2 個孩子最期待的事情，因為醫生的讚美和塗氟後的小禮物讓他們既有成就感又開心。

這 10 多年來，我們照著趙醫師的方式守護著孩子的牙齒，2 個孩子年齡雖然增長，但每天依然維持以天然食材為主的正餐飲食，鮮少零食飲料，直到現在沒有齲齒，這也是我們送給孩子這輩子最重要的禮物之一。

如何預防嬰幼兒齲齒（蛀牙）：

1. 孩子最早齲齒的開始便是「奶瓶型齲齒」，要預防「奶瓶型齲齒」最好的方法就是戒除孩子夜奶的習慣。

2. 不管幾歲每天四餐正餐在 30 分鐘內結束，這是為了避免食物在口中發酵呈現酸性導致齲齒，且食物殘渣留在齒縫也易導致細菌滋生，因此最好從小讓孩子養成專心吃飯的好習慣。

3. 口腔清潔：
   開始吃離乳食前，每天至少一次用紗布清洗孩子的牙齦、舌頭。
   開始吃食物泥，每餐吃完讓孩子喝水漱口，一方面養成清潔口腔的習慣，一方面讓孩子習慣喝開水。

4. 當孩子長出 8 顆牙就可以去兒童牙醫診所塗氟（我們家老大是 1 歲 3 個月長 16 顆牙、老二是 1 歲長 8 顆牙時開始塗氟）

5. 當孩子開始使用牙刷刷牙後，3-8 歲建議父母早晚都務必幫孩子刷牙、檢查，並教孩子正確的刷牙與使用牙線的方式。

6. 牙醫生建議 1 天內的餐點次數越少越好，2 歲以下的孩子每天 6-7 餐，而 2 歲以上的孩子一天建議不要超過 5 餐，以免齲齒機率增加。
   餐數計算：8:00-8:30 吃食物泥 + 配方奶，是 1 餐
   8:00 吃食物泥、10:00 喝奶，是 2 餐

7. 每天吃適量的氟錠

8. 每半年維持固定的檢查與塗氟

9. 儘可能不給予澱粉類、可發酵的醣類所製作成的零食、飲料，避免過多的人工添加物、糖份造成齲齒的機率提高。

Point

餅乾、巧克力、麵包……這類食物比含著不咬的糖果更容易造成齲齒，因為碎屑會深入齒溝中，若沒有及時清理或刷牙不確實，那長期下來齒溝中的細菌就會造成齲齒。

因此吃了這類的食物，務必在 30 分鐘內盡快幫孩子清潔牙齒，且不要一整天讓孩子吃很多餐這類的食物，避免口腔形成酸性環境，引發齲齒。

（以上資料趙文煊醫師已審閱確認）

晴媽咪小叮嚀

若希望孩子在成長時沒有齲齒問題，那父母就要維持原則，幫助孩子守護牙齒的健康，只要在嬰幼兒時期、兒童期、青少年時期養成刷牙與保健牙齒的好習慣，並在成年後持續下去，年長時就比較不會為了牙口不好、咬合與咀嚼吞嚥困難而煩惱。

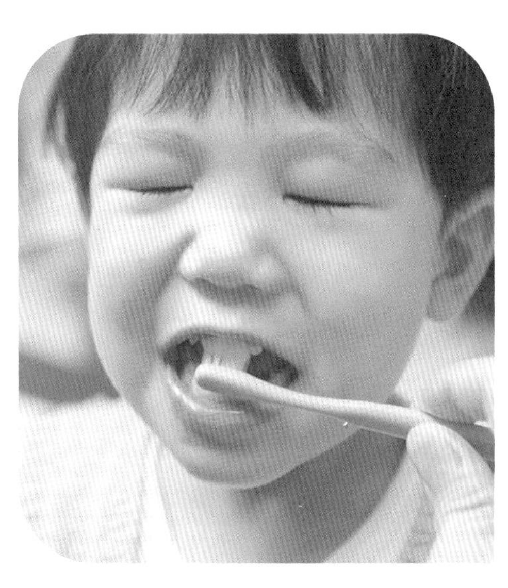

Chapter 05

天使寶寶養成第三步
自行入睡一覺天亮

「自行入睡」是父母為孩子和家庭選擇的睡眠方式
沒有任何人可以強迫父母引導孩子自行入睡
一但做了決定就請「相信自己、相信孩子」
讓全家人都能一覺天亮，不需要忍耐多年才能獲得良好的睡眠
更不用為了孩子失去自己的時間與空間

Basic 01 嬰幼兒睡眠

睡眠對人體的影響極為重大，醫生常說：「早睡早起身體好。」對大人來說，充足的睡眠可以讓腦部正常運作、讓一整天疲憊的身體修復、讓情緒穩定、美容養顏、提升身體免疫力……。一覺天亮、睡眠充足，自然隔天的精神、注意力與工作效率也能提升。

雖然每個孩子都有先天的氣質、遺傳基因影響個性，但後天的睡眠與飲食更牽引著孩子的成長，因此父母為孩子選擇的作息方式、睡眠方式與飲食方式，將會對孩子的發育、健康與情緒產生極大的影響。

充足睡眠對孩子的益處

1. 發育良好、提升專注力

讓孩子睡對時間、睡眠充足，因為睡眠中生長激素會大量分泌，這對孩子的腦部發育、肌肉發展、身體成長、專注力都有很大助益，而這些都會牽引孩子未來的學習和認知能力。

2. 穩定的情緒

孩子有規律作息，每天小睡和長睡都能睡滿、每餐吃飽，情緒自然穩定、不易哭鬧、醒著時不管有沒有人抱都能笑咪咪、也能自己玩耍。

這是因為父母遵守作息時間原則，當孩子每天吃和睡的時間都很固定，孩子不需要為任何不確定的狀況感到害怕或因不安而哭泣，自然就會相信父母，親子間的信任就能建立、孩子的安全感就會強大。當孩子安全感足夠時情緒就會穩定，長大後也較能避免行為偏差的問題發生。

3. 免疫力強

不少醫生在網路上、社群媒體或影片中提及：「嬰兒睡眠不足可能使免疫力降低。」睡眠充足的孩子通常吃得比較好也比較多，再搭配均衡飲食，就會有較強的免疫力，這樣的孩子較不易生病，即使生病了病程也可能較短、痊癒較快。

嬰幼兒所需的睡眠時數：
10 多年的經驗，嬰幼兒達到以下睡眠時數，便可以吃得好、情緒穩定

年紀	白天	晚上	總共
0-4 個月	白天小睡 共約 7-9 小時	晚上長睡 連續 11.5 小時	共 18-20 小時
5-15 個月	白天小睡 共約 4-5 小時	晚上長睡 連續 11.5 小時	共約 15-16 小時
16 個月 -3 歲	白天小睡 共約 2-3 小時	晚上長睡 連續 11.5 小時	共約 14-15 小時

孩子一覺天亮，全家體力、精神、情緒好！

「讓孩子一覺到天亮」

「每晚睡滿 11~12 小時」……

在大多數媽媽眼中根本是天方夜譚，孩子能一晚連續睡 6-8 小時就非常棒了。夜晚的零星睡眠讓媽媽們非常疲倦，而這樣的狀態若持續幾個星期、幾個月，甚至 1~2 年，媽媽、孩子、整個家庭都可能身心俱疲，不僅孩子沒睡飽影響了健康、發育與情緒，還可能讓父母及家中其他成員因睡眠不足，導致情緒、工作、身體狀況不佳。

因此除了讓孩子吃營養、吃飽外，作息規律、睡眠充足更是重要的一環，三者都到位，全家人的體力、精神、情緒就會很好。

孩子一整天該清醒的時間

孩子的睡眠時間和奶量都是以整天、24 小時計算的，當孩子白天睡得多、晚上自然睡得少；白天吃得少、晚上自然夜奶頻繁，因此若要孩子晚上能睡上 11-12 小時、一覺天亮，就要讓孩子在白天小睡時間好好睡滿、該清醒時確實清醒玩耍。這樣晚上才不會因為白天睡眠不足導致過累、躁動、情緒崩潰、哭鬧難以入睡。

在孩子 2 個月後，就可以按照規律作息的時間讓孩子清醒（詳見第一章月齡作息表）

2-4 個月：4 餐喝奶 **30** 分鐘 ＋ 喝完後 30 分鐘，孩子都要清醒著。

4 個月後：4 餐正餐 **30** 分鐘 ＋ 吃完後 60 分鐘，孩子都要清醒著。

這段清醒的時間父母或照顧者一定要盡量與孩子互動、帶孩子在家附近走走，不管是曬曬太陽、看看外面的風景……，都要讓孩子清醒著。

小睡與長睡時間到，記得讓孩子清醒著上小床睡覺，這樣孩子會知道自己的睡覺地方、睡覺時間、何時醒來就會有人陪伴，這些固定的事項對孩子來說很重要，也會讓孩子很有安全感，因為生理時鐘與睡眠習慣都會越來越固定，當一切成為習慣後，孩子自然能自己在小床睡覺、自然能一覺天亮。

因此，白天該清醒的時間讓孩子清醒，對整天的睡眠時間與品質來說是很有助益的事情。

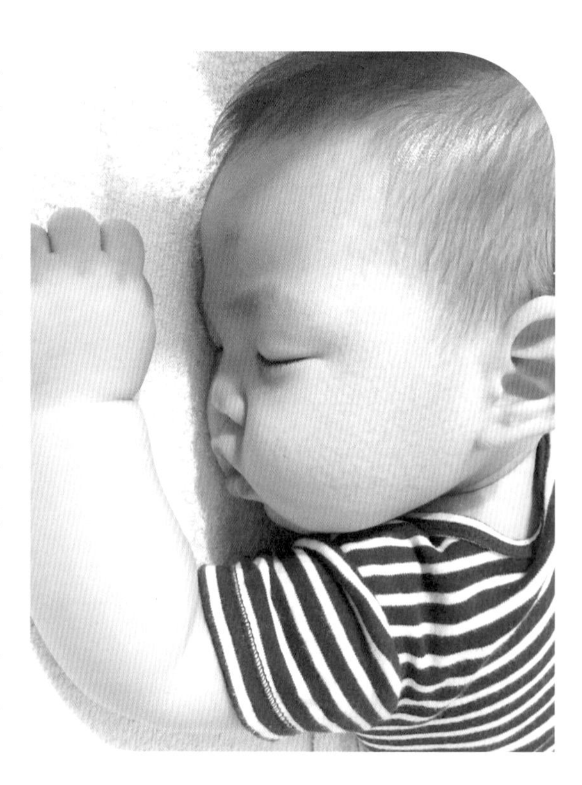

「小床」讓孩子睡得更安穩

孩子睡小床的好處：

睡小床比睡大床安全

避免粗心的大人在翻身、蓋棉被、手腳移動……或睡眠時的無意義動作造成孩子的傷害。

讓父母和孩子的睡眠品質都能提升

避免父母半夜被孩子吵醒，需要隨時餵奶或安撫讓孩子再次入睡，導致孩子和父母都失了睡眠品質。

讓孩子可以養成獨立睡眠的習慣

當孩子有了規律作息、餐餐吃飽，睡小床便能讓孩子養成自行入睡的習慣，小床也能讓孩子更有安全感。

小床的安全性：

確認小床上沒有任何會摀住孩子口鼻的被子、枕頭、絨毛玩具……等任何物品，並用四層純棉透氣浴巾或透氣床墊正確鋪床，那小床絕對比大床更安全、更適合孩子。

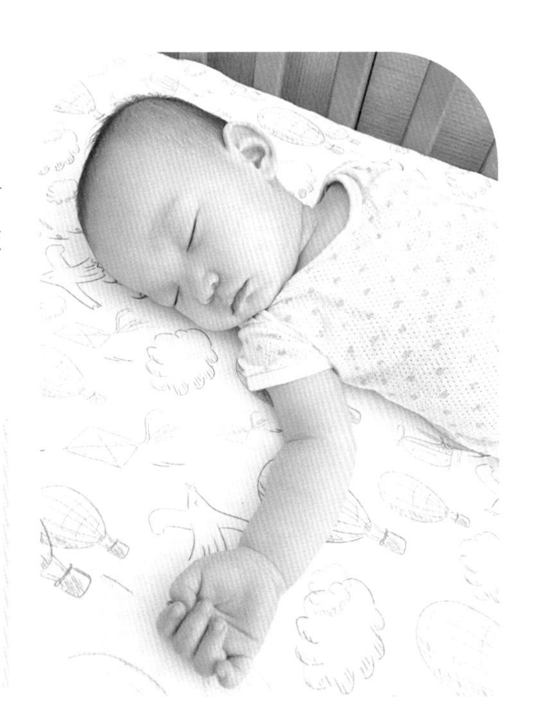

晴媽咪小叮嚀

小床的圍欄在睡眠中不能拉下、也要確實固定，父母不能貪圖一時的方便，造成孩子可能發生摔落、被床與床夾住或窒息的危險。

第五餐半奶讓睡眠延續

「第五餐半奶」是為了「讓孩子腸胃中有食物，不會因長時間沒進食而餓醒」，但由於餵食時間已晚，要避免餵食過量造成腸胃不停蠕動無法休息或在四小時後醒來討奶，因此採取給半奶的方式，讓孩子的睡眠可以延續到早上。（詳見第一章 --- 第五餐半奶是什麼）

如何避免生理時鐘卡住

生理時鐘卡住通常是沒來由、突然、沒有任何原因就發生了，有時因假日出門作息亂掉、家中有客人、接觸新環境、白天玩太累、睡前接受太多刺激……，當孩子感官接觸到很多新事物時，偶會因為醒著時的活動導致情緒亢奮，睡眠中容易做夢驚醒、哭泣、説話、起床。但這些深淺眠交替時的無意識行為，讓很多父母誤以為是孩子肚子餓或需要安撫……，結果給了夜奶或抱起安撫後就導致孩子每天同一時間起床的「生理時鐘卡住」。

生理時鐘卡住的常見狀況：

1. 孩子突然每天都在半夜同一時間醒過來。
2. 孩子第一次在半夜某個時間點醒來，只要父母起床安撫或餵奶，那孩子從隔天起就會每天固定時間醒來。
3. 孩子醒來後通常不想喝奶或吸幾口就拒絕了。
4. 怎麼抱、怎麼哄，孩子都哭不停或無法再度入睡。
5. 孩子並沒有醒，僅是閉眼哭但沒眼淚或發出聲音但沒有互動，甚至只是自己玩和叫。

解決方法

① 確認孩子在小床上是安全的。

② 父母只需觀察，不要安撫、抱起、餵奶、起床走動、不要説話、不要對眼……，讓孩子自己再睡回去。

以上的方式，只要父母親堅持原則執行約 2-3 天，孩子的生理時鐘就會恢復正常，也不會再半夜同一時間醒來。

自行入睡前的準備

父母要引導孩子自行入睡，需同時進行或已經有以下的準備：

1. 全家人有共識

自行入睡是睡眠的一種選擇，方法可能有很多種，父母要先了解每一種方法，並找出最適合自己家庭的方式，才能在全家都願意的狀況下讓孩子自行入睡。

2. 準備小床

小床不但能讓孩子安全睡覺，更能讓父母和孩子都擁有自己的睡眠空間，減低相護干擾的機率。

若家中房間足夠，孩子可以自己睡一間，房間不足小床也可以與父母同房，若要兩床相併，側邊護欄不可放下，避免孩子滑落或夜晚時相互干擾。

3. 讓孩子有固定規律作息

讓吃飯、玩耍、睡覺的時間清清楚楚，養成孩子固定的生理時鐘，有規律作息的孩子自行入睡相對容易。（詳見第一章作息時間表）

4. 讓孩子專心吃每一餐、每餐都吃飽

清醒、專心吃每一餐，是滿足孩子生理需求最重要的事情之一，只要吃對食物，並讓孩子每餐都能真正吃飽、營養均衡，那自然不需要等孩子睡著才能餵他喝奶，夫妻更不用半夜為了誰要起床餵孩子喝奶起爭執。

5. 確認孩子的腸胃舒服與否

尚未吃離乳食的孩子若有腸胃不適或脹氣、便秘問題，父母可以在每次小睡、長睡起床前 5-10 分鐘，幫孩子做腹部按摩、腹部運動，促進排氣、預防便秘。

開始吃離乳食的同時，孩子也要學習喝開水，讓腸胃舒服才易入睡、睡得好、不會提早醒。

6. 和孩子玩躲貓貓遊戲

無時無刻都可以和孩子玩「躲貓貓遊戲」，遊戲的目的：讓孩子了解雖然「看不到」大人，但其實大人就在自己身邊，進而培養孩子獨處時的安全感。

步驟 1：遮住臉、探出臉，重複讓孩子知道雖然看不到你的臉，但聽得到你的聲音，你們在同一個地方、你沒有不見。

步驟 2：先告訴孩子我們來玩遊戲，然後躲在某個家具後面，但讓孩子從看得見你到看不見你，你可以發出聲音讓孩子知道你也在這個空間當中，若孩子大些也可以跟孩子玩「找媽媽（爸爸）」的遊戲。

步驟 3：不管去廁所、煮飯、熱食物泥、洗衣服、洗碗、外出……都要先告訴孩子，讓孩子「知道爸爸嬤媽在哪裡」，如果孩子還是擔心害怕那就讓孩子待在附近的空間中，可以聽到你的聲音、偶爾可以看到、偶爾看不到你的臉，讓孩子知道「看不到爸爸媽媽不代表爸爸媽媽不見了」，一段時間後孩子不但會越來越有安全感、也能漸漸拉長獨立玩耍的時間。

Basic 03 自行入睡的流程

自行入睡一定要從晚上的長睡眠開始，再延伸到隔天的每次小睡，方法相同且不間斷地持續 3-7 天，孩子的睡眠狀況就會有大幅度的改善，改善後持續 1-2 個月的穩定期，孩子的睡眠模式就會完全建立且固定下來。

不可以從小睡開始自行入睡

由於小睡時間太短，若從小睡開始引導自行入睡，孩子小睡無法睡足反而會影響下一餐吃不好，吃不好又會造成下一次小睡睡不好，導致吃和睡的惡性循環。

1. 睡前儀式

每一次的小睡和長睡前約 1 分鐘，簡單的與孩子對話，說聲午安、晚安、告訴孩子起床的時間並讓孩子知道時間到了父母會準時接他起床。

至於洗澡、講故事、喝奶、刷牙都是每天必做的固定事項，建議固定時間進行，不需要將其歸於睡前儀式中，避免過度冗長的睡前儀式讓孩子和父母產生另一種壓力。

2. 安全的小床

小床上不需要有枕頭、各式安撫物、安撫巾、娃娃……，奶嘴更不需要。只要鋪上透氣床墊或 4 層純棉透氣浴巾，讓孩子照天氣穿適合的包巾或防踢被睡覺。

＊自行入睡也是戒除夜奶和奶嘴的方式。

3. 關燈全黑

關燈讓房間全暗，一方面人體分泌的褪黑激素能讓孩子好入睡；另一方面可以杜絕外在視線上的刺激讓孩子專注在睡眠上。

PS.

① 房間全暗：盡可能伸手不見五指的黑，讓孩子好入眠。

② 睡眠監視器：若父母擔心，可在房內安裝確認孩子睡眠狀態（環境安全不裝也沒關係），但不建議一直盯著監視器，這樣很容易造成父母自己的焦慮與擔憂。

4. 不進房干擾

不管白天小睡或是晚上長睡，關上房門後不進房干擾孩子直到起床時間到，並在引導自行入睡的前幾天可以不餵第五餐半奶，讓孩子先學會自行入睡。不餵第五餐通常孩子隔天比較會認真、專心喝奶。

TIPS

包含不躲在房裡、床下、房間角落，更不會躲著滑手機。只要有人在房裡，孩子就無法自行入睡。

5. 房內無聲、房外維持音量

全黑又完全無聲的空間能營造孩子良好的睡眠環境，因此在房內不會有音樂或白噪音，一方面避免孩子難入睡，一方面避免往後沒有音樂或白噪音會讓孩子無法入睡。

但若長期在完全寂靜無聲的環境中，會讓孩子易在聽到一點聲響就驚醒，因此房門外的環境音、車流聲、人聲……，大多不會驚嚇孩子又可以讓孩子習慣各種間接的大小音量，這樣孩子往後到哪裡都可以不受外界環境、聲音影響，自然都能好好睡覺。

6. 半夜不餵夜奶

孩子月齡漸大卻還是夜奶不斷，是因為白天沒吃飽導致，因此除了讓孩子有固定規律作息，更要讓孩子每餐都能專心吃、餐餐吃飽，這是戒除夜奶的不二法門。

夜奶的習慣大多是因為半夜孩子哭泣，父母大多直覺**「哭泣＝肚子餓」**，因此為了讓孩子不再哭泣所以餵奶，認為孩子喝奶就會停止哭泣並繼續睡覺。

但事實上，白天生活瑣事、環境改變、人事物變化、甚至做夢都可能是孩子半夜哭泣、醒來、自言自語……的原因，不見得都是因為肚子餓。這樣的狀況下就算餵奶，剛開始孩子可能喝不多也不願意喝，因為並非肚子餓而醒來。但若**父母每天都把夜奶當作安撫孩子入睡的方式，長期下來餵夜奶的時間就會成為孩子生理時鐘的一部分**，每晚同一時間就會哭鬧、醒來討奶，因為孩子認為每天的這個時間就是要起床喝奶。

因此要讓孩子改變半夜的飲食習慣並能一覺天亮，父母必須停止餵夜奶，這樣孩子會因為沒有夜奶而有「肚子餓的感受」，這樣也才能學習在每餐正餐 30 分鐘內認真、專心讓自己吃飽，只要父母有原則，1-3 天就能改掉夜奶的習慣。

坊間、網路對何時戒夜奶眾說紛紜，建議父母要有網路識讀的能力，先審視並了解夜奶對孩子和家庭造成哪些麼影響，長期下來是否能負荷：

1. 夜奶對全家人每晚的睡眠與隔天的精神是否有影響？

2. 夜奶是否會影響孩子白天奶量與食物泥量？

3. 父母真心喜歡每天半夜起床餵孩子喝夜奶嗎？

4. 要讓孩子夜奶到多大呢？

5. 喝夜奶易發生的齲齒問題該如何處理呢？

以上思慮好後再決定是否幫助孩子戒夜奶，一但開始就千萬不要做一半。

固定規律作息 + 戒除夜奶前後比較

	無作息、戒夜奶前	有作息、戒夜奶後
睡眠品質	孩子和大人一夜醒來 1 至多次	孩子、大人的睡眠時間比之前更長、更不被打擾。
正餐飲食（奶或食物泥）	無法專心吃，吃不多、愛吃不吃、吃一吃睡著，24 小時內吃 6-10 多餐。	一天四餐，每餐 30 分鐘 (第五餐半奶視狀況給予)。專心吃每一餐，吃得量和速度都提升。
情緒	孩子若長期沒吃飽易哭鬧；大人一整天安撫，易心煩氣躁、疲憊憂鬱。	孩子餐餐吃飽不易哭鬧，整天笑咪咪、大人心情好。

Point 不夜奶到底會不會讓孩子缺乏安全感？

這十多年來協助媽媽們的經驗，戒夜奶的孩子容易一覺天亮、正餐飲食也會因此提升、情緒好、整天笑咪咪；媽媽的睡眠品質提升、睡眠時間增加，相對的精神會變好、情緒穩定、身體自然健康。

因為孩子在完全不夜奶、一覺天亮後，只要父母持續相同的原則，作法不會讓孩子混淆時，睡眠充足加上有固定規律的作息，孩子對父母的信任度會提升，安全感也會大幅增加。

Mommy Say

晴媽咪經驗談

孩子會自行入睡後全家人的改變

就孩子而言，有固定規律作息、自行入睡非常穩定的孩子，除了能一覺天亮外，還會有以下表現：

1. 食物泥寶寶每餐都會吃飽，吃得比其他同年齡的孩子多（足量）
2. 情緒穩定每天笑瞇瞇，不太哭鬧。

3. 只要是睡覺時間，孩子睡著後外面環境吵雜也不太容易造成孩子驚醒或無法入睡。

EX:

裝潢、放鞭炮、外面車水馬龍聲、吸塵器、食物調理機……等人聲、機器聲，都不會吵醒孩子。

4. 孩子睡著後，父母就算偶爾開燈進入房間拿東西、工作、洗澡、吹頭髮……也不太容易把孩子吵醒。
5. 半夜就算醒來也會自己再睡回去，無需大人安撫。

父母親能感受到的改變：

1. 送孩子上床睡覺後就能好好休息，好好經營夫妻關係。
2. 不用擔心孩子在睡眠中再度醒來需要哄抱或餵奶。
3. 孩子情緒穩定每天笑咪咪，能自己玩也不會隨時哭鬧。
4. 當孩子突然哭泣時，父母很容易就能知道孩子有狀況，也能立即處理。
5. 孩子很有安全感，也很相信父母。

Basic 04 其他的睡眠狀況

1. 外出時如何讓孩子小睡

外出時，早上、下午的小睡時間，可以讓孩子在推車上睡覺，不方便推推車就在揹巾裡睡，若遇到易讓孩子分心的場所，可以先到較安靜的環境並用推車遮罩或深色薄布幫助孩子隔絕外在視線刺激，讓孩子好入睡，通常有規律作息的孩子因有固定的小睡時間，不易受環境的干擾而驚醒。

準備：

1. 帶著推車與揹巾外出。
2. 睡覺前 5-10 分鐘將孩子放入推車中或揹起，讓孩子知道小睡時間到了。
3. 時間到將推車遮罩蓋起，隔絕外界視線刺激、營造睡眠模式，讓孩子更快入睡。
4. 若環境太過吵雜，可以先到較安靜的環境讓孩子入睡。

外出時若因外在因素導致孩子小睡無法睡滿也沒關係，父母順其自然即可。

2. 外出住宿孩子的長睡眠安排

過夜的住宿，可以準備家中小床的床單或墊在床上的純棉浴巾，讓孩子有熟悉的味道。不管是住在親戚家、飯店，都可以先請對方協助準備好小床或是自己帶簡易的小床，例如：提籃、芬蘭箱、遊戲床……，每天固定的長睡時間到了就讓孩子上床睡覺，一切照著在家中自行入睡的方式不要改變，改變反而會讓孩子失去安全感。

準備：

1. 讓孩子有個好睡覺的地方（小床或其他可睡覺的床）
2. 用孩子的包巾、床單、浴巾，鋪好舒服的床
3. 盡量讓孩子有在家中一樣的睡眠環境
4. 時間到讓孩子上床、關燈，父母不干擾直到孩子睡著

3. 其他睡眠狀況及解決方法

白天睡眠不足、晚上不易入睡

媽媽們常問：「孩子白天不睡小睡，晚上是不是會比較累、比較容易睡？」

答案：「不是」，因為：

1. 4 個月以上的孩子白天醒來後約 1 個半小時左右就會想睡覺。若在孩子必須睡覺時讓孩子繼續玩耍，孩子往往會越玩越亢奮。
2. 當孩子亢奮、過累時會開始躁動不安、哭鬧、生氣，這時不管怎麼抱、怎麼安撫孩子都難以入睡。
3. 過累的孩子若肚子餓又想睡時，便無法好好進食，往往吃一吃就睡著，但過一下又會因為肚子餓而醒來，反覆的狀況易讓孩子吃也吃不好、睡也睡不好、情緒不穩、易哭鬧生氣，晚上的長睡就很容易因此變成日夜顛倒、睡不久也睡不長，無法一覺天亮。

解決方法

01 讓孩子有規律作息，確保每餐都有吃飽，專心 30 分鐘內結束一餐。

02 時間到該睡就睡、該吃就吃，儘可能不要拖延孩子吃和睡的時間。

03 小睡、長睡前不要讓孩子過度亢奮，避免難入睡。

04 協助孩子入睡

- 需要哄、陪、抱的孩子，父母或照顧者要有耐心陪伴孩子睡覺，讓孩子每次的小睡和長睡都能睡滿、睡足，千萬不要孩子睡了就偷跑去做別的事，偷跑只會讓孩子在睡眠週期轉換時醒來看不到陪伴者而大哭，反而消磨了孩子的安全感。
- 會自行入睡的孩子時間到就送上床，讓孩子自己睡覺。

孩子睡姿矯正

常有媽媽拍孩子睡覺時「卡到」的照片給我，有時是手、腳卡在床欄、有時是頭卡在小床的角邊、有時像是手被身體扭到或折到……，媽媽們都會很緊張的問我怎麼辦？

這些像是「卡到」的孩子，都正在睡覺、睡得香甜，既然如此大人就不需去「協助」孩子調整睡眠姿勢，一方面干擾孩子的睡眠，另一方面也很可能把孩子吵醒或衍生出「生理時鐘卡住」的問題。

因此，只要孩子安全、舒服、睡得香甜就好，若真的不舒服孩子是會自己挪動位置的。

半夜翻身或站立

很多孩子在學習翻身或站立的月齡，常遇到半夜翻身後翻不回來、睡夢中站起來扶在床欄邊卻無法再躺下，且這些狀況一發生就會持續很久，有時孩子會因此清醒並放聲大哭。

發生原因

若孩子正值翻身或站立的月齡，平常白天醒著時大人會協助翻身回來或抱起站立的孩子，但大人不會教孩子如何自己翻身、如何從站立到讓自己躺下，因此當孩子在睡眠中有了這些無意識的動作，卻不知該怎麼讓自己翻身回來和躺下睡覺，就只能一直維持同樣的姿勢，久了就開始哭泣尋求幫助。

解決方法

當孩子開始會翻身和會站立時，父母一定也要在孩子醒著的時間教孩子：

01 如何翻身回來：翻身後如何從趴翻回仰躺、如何從仰躺再翻回趴的姿勢、如何施力撐住身體。

02 如何躺下：如何把身體彎曲、腳彎曲坐下、如何讓屁股著地卻不會痛、如何用手撐著地板支撐自己的身體，從站著到蹲坐下去、蹲坐下去後如何躺下。

03 除了扶著孩子的肢體教孩子做動作，也要自己做動作給孩子看。

04 一定要讓孩子多練習。

以上要一直持續到孩子學會為止。因為父母的陪伴與教導能讓孩子加快學習的速度，尤其邊玩邊學的過程會讓孩子印象深刻，肢體與腦袋也會更加靈活，甚至學幾次就會了。

Mommy Say

晴媽咪經驗談

長大就會好了？

「長大就會好了」這是常被拿來放在孩子的成長、也是父母們用來彼此安慰的一句話。雖說的確孩子們的某些身體或是學習狀況可能長大後就會好轉，但有很多的習慣真的長大就會好嗎？

挑食、偏食的習慣

愛吃零食、喝飲料的習慣

不喜歡坐在椅子上吃飯、喜歡跑來跑去吃飯的習慣

愛邊吃邊看電視、3 C的習慣

陪睡、晚睡的習慣

……這些習慣，長大後真的就會好轉或自行修正嗎？

在學校的教學經驗讓我知道，一個大孩子要被改變並不容易，年紀越大需要花費的時間越多，若嬰幼兒時期都沒有辦法教育孩子，那當孩子有了自主意識、知道如何應對父母，如何從父母的做法中找到讓自己便宜行事的方法，加上上學後與父母的相處時會更少，家庭教養會更加不容易。因此，與其期盼孩子「長大就會好」，不如從嬰幼兒時期就讓孩子養成良好的習慣。

在養成的同時，更要隨時叮嚀孩子正確的觀念，讓孩子不易受外在影響，並請身邊的朋友長輩不要用各種方式打破了孩子好不容易養成的好習慣。如此一來，孩子已經養成好習慣之後，也無須再等待孩子「長大就會好」。

我的孩子不可憐

請不要對我的孩子說：

「你好可憐喔！都不能吃零食。」

「你好可憐喔！都不能喝飲料。」

「你好可憐喔！都不能看電視。」

「你好可憐喔！都不能玩電腦。」

「你好可憐喔！都沒有手機。」

「你好可憐喔！要吃這麼難吃的食物泥。」

「你好可憐喔！要吃這麼難吃的青菜。」

「你好可憐喔！這麼早就要上床睡覺。」

「你好可憐喔！要自己一個人睡覺。」

我的孩子不可憐，因為身為父母的我們，用盡心力要給孩子最好的，並保護孩子遠離可能會讓他身心受到影響或不適合他們年紀的事物，我們努力著，請不要不幫忙還在一旁說風涼話。

Chapter 06

Q & A

詢問率超高！
新手父母大哉問Q & A

食物泥 VS. 粥
關於食物泥的問題該怎麼解決？
孩子生病時該怎麼吃？怎麼預防生病？
孩子該喝多少水？便秘了怎麼辦？
杜絕挑食偏食，從嬰幼兒時期做起

食物泥 VS. 粥

這 10 多年來我推廣食物泥及其對嬰幼兒、兒童、甚至成年人、銀髮族的好處，媽媽們常問我：「為什麼要讓孩子一開始就接觸食物泥？吃粥不行嗎？」我才知道原來有許多父母對於「食物泥」與「粥」的差異並不了解，甚至以為它們是同一種食物，以下是書中食物泥與粥的比較和搭配：

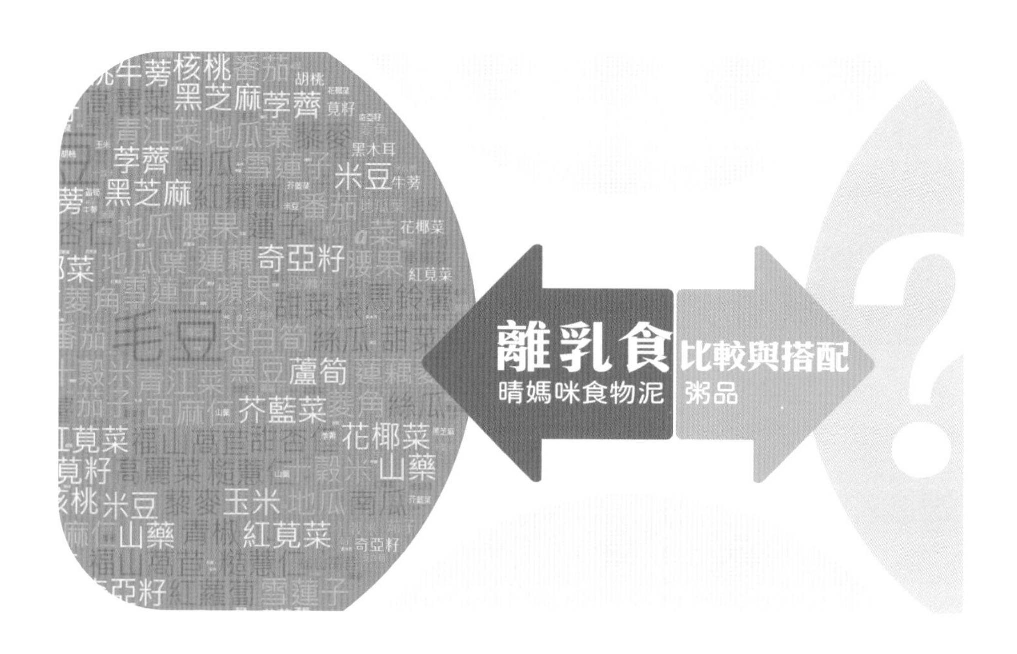

食物泥 VS. 粥		
	食物泥	粥
含水量	水量適中 （食材：水≒ 1：1-1.5）	水量高 10 倍粥 ＝（米：水＝ 1：10）
食材 種類與數量	· 4 個月起循序添加新食材。 · 6 個月每餐可吃 16-20 種食材。 · 9 個月後每餐可吃 40-50 種食材。	· 每餐更替不同粥品，但食材重複性高。
營養價值	· 4 大類多元食材，營養均衡。 · 什麼食材都吃得到且不過量 。	· 含量最多的是水、第 2 多的是白米。 · 恐有營養不均衡的問題發生。
腸胃消化	· 小分子讓腸胃好吸收、好消化。 · 每個孩子都適合吃食物泥。	· 含水量高，腸胃尚未成熟的孩子易胃食道逆流、脹氣、不好睡。 · 並非每個孩子都適合吃粥。
挑食偏食 可能性	· 嬰幼兒時期乾淨的味蕾已熟悉各種天然食材的味道，不易挑食。 · 食物泥吃得夠久、夠多，16 顆牙長齊銜接固體不挑食、偏食。	· 綠色蔬菜、較硬的根莖食材難入粥中熬煮或讓寶寶直接食用，能添加的食材有限且量不多。 · 嬰幼兒時期吃的食材少，挑食偏食的機率高。
生病時的 進食	· 好吸收好消化的食物泥，生病時少量多餐吃，每口都是滿滿營養，讓體重不掉。 · 病癒後均衡的營養可以讓孩子體力與精神快速恢復。	· 若嘔吐、腹瀉就不適合吃粥。 · 營養不足體重掉，需花較久的時間讓孩子恢復健康。

食物泥＆粥的搭配

有些家庭、長輩對粥有一定的需求，因此若寶寶已經滿 **1** 歲且不易脹氣（易脹氣的寶寶不適合吃粥），那食物泥與粥品的搭配可以如下：

① 穀類部分：主食食物泥和粥各半

② 菜類部分：**3** 大類食物泥都要加入

EX：一餐 **300g** = 食物泥主食 **75g** ＋ 粥 **75g** ＋ 各式菜類共 **150g**

不建議主食全部換成粥，一方面避免穀類的營養不均衡，一方面避免長大出現愛吃白飯的偏食問題。

食物泥＆手指食物的搭配

手指食物可以在食物泥正餐吃完後給予：

① **7-8** 個月大：可吃蛋和魚（蛋也可一歲後吃）

② **8** 顆牙長齊：可吃天然食材的手指食物

③ **16** 顆牙長齊：銜接固體食物

④ **2** 歲後：各式天然食材手指食物、堅果都可以吃

食物泥與手指食物並不衝突，每餐吃完該吃的食物泥確定營養攝取足夠，當牙齒長出 **8** 顆～ **16** 顆，就能在正餐後吃手指食物。兩者相輔相成，讓孩子的咀嚼吞嚥有更多練習的機會。

※ 食物泥＋奶＋手指食物，每餐 **30** 分鐘。

若寶寶不願意吃手指食物則無須強迫，避免嗆噎。
若媽媽沒有時間準備手指食物也沒有關係。
手指食物順其自然給予即可。

Basic 02 食物泥 Q&A

過敏的孩子需延後吃食物泥嗎？食物過敏該怎麼辦？

剛開始吃食物泥的量和次數都非常少，且食物泥都是煮熟的天然食材，若孩子產生過敏反應，父母或照顧者便可以馬上停止讓孩子食用該樣新食材，通常停止食用後一段時間過敏反應就會褪去，對孩子的健康並不會造成危害。等 2-4 星期後再讓孩子再次測試疑似產生過敏的食材，直到孩子對該食材沒有過敏現象，就可以正常食用。

若因父母太過擔心過敏問題而延後讓孩子接觸食物泥，一方面可能造成孩子太晚接觸各式食材，對食物產生抗拒；另一方面越晚開始吃食物泥，孩子對流質食物的依賴就越深，一但延遲孩子口腔肌肉的鍛鍊，易導致孩子懶得咀嚼吞嚥，需要花更久的時間才能讓孩子吃得好、食材吃得多元。

因此有過敏、異味性皮膚炎的孩子，也不需要延後吃食物泥的時間。

為什麼一開始吃離乳食不需要喝米湯

傳統喝米湯當做離乳食是由於幾十年前能將所有食材製作成泥狀的機器並不普及，所以父母會儘可能地將米熬煮久一點，希望把米中菁華熬成米湯讓孩子補充營養。但現在已有方便的食物調理機，可以直接將所有食材打製成比米湯更營養的各種食物泥，孩子自然不需要喝米湯。

爲什麼果汁、果泥不能當離乳食

果汁、果泥是甜度高的飲料和食物，不管市售或自己壓榨都含有高糖，讓孩子食用就如同丹瑪醫生所說：「只吃進糖分和水分而已。」

另一方面，果汁、果泥的高糖會導致孩子對含糖成分低的天然食材沒有興趣，反造成孩子無法食用真正營養均衡的離乳食。

因此果汁果泥不但不能當離乳食，更不建議給小小孩吃。

PS.

市售果汁通常都含人工添加物、色素、香精……，長期食用不僅對健康有危害、也易造成孩子不吃正餐的問題。

食物泥要現做才新鮮？

有一次到府教媽媽如何製作食物泥，上課前我詢問需不需要帶食材，媽媽說家裡什麼食材都有，我不用帶過去。當準備製作高麗菜泥時，媽媽拿出一顆剩下 1/5 且表面枯黃泛黑的高麗菜，媽媽告訴我因為長輩覺得冷凍都不健康，堅持要媽媽每天現做，但孩子吃不多、家裡也沒開伙，為了讓孩子吃到「新鮮」的離乳食，所以食材都是每星期購買一次，每天一點一點使用，切過後冷藏隔天再拿出來使用，但這樣的食材新鮮度實在令人擔憂。

不管全職媽媽或上班族媽媽，在無人可替手時，根本無暇天天、餐餐製作食物泥。雖然孩子初期的食量不大，但如果每天都要處理食材、蒸煮燙熟、製作離乳食，一樣需要花不少時間，若能將食材在最新鮮的時候、用有效率的方法準備孩子的飲食，對孩子的健康、媽媽的時間運用應該更有助益。

Point

冷凍技術日新月異，冷凍可以鎖住食材、食物的新鮮度，甚至連美味程度都可以保留，如同遠洋漁業將捕獲的漁產急速冷凍保存一樣，這也是家家戶戶的冰箱中都有冷凍的魚、肉和各式冷凍產品的原因。

不喜歡吃的食材，可以不要加在食物泥中嗎？

Q：「孩子不喜歡吃紅蘿蔔可以不要加嗎？」

A：「媽媽怎麼知道孩子不喜歡紅蘿蔔呢？」

Q：「因為加了紅蘿蔔她就吃不多」、「因為他吐出來」

A：「如果下次孩子的反應讓媽媽感受到他不喜歡吃洋蔥、不喜歡吃苦瓜、不喜歡吃青菜……，是不是以後就都不要給孩子吃呢？」

有些時候孩子表現出「不喜歡吃」某種食物泥，並不是「真的不喜歡」，可能是：

①第一次吃，跟以往熟悉的味道不同，需要時間適應新食材的味道

②食物泥不夠細緻、充滿顆粒、太稀不夠稠

③僅用單一食材測試，可能味道太重

種種原因都可能讓孩子對某種食材產生「好像不喜歡」的感覺，父母可以用簡單的方法讓孩子慢慢習慣並喜歡上這些新食材：

①讓孩子少量嘗試。

②將不同食材搭配結合，改變原本較重的味道（例如：胚芽米＋紅蘿蔔攪拌一起吃）。

③若食物泥不夠細緻含有顆粒，便易造成孩子腸胃不舒服，孩子吃幾次後會自動對該食物產生排斥。因此，將食材打製得細緻稠密無顆粒，讓孩子腸胃舒服，也是孩子喜歡與否的重要因素。

孩子挑食偏食大都是大人從小幫孩子養成並造就的，父母、照顧者千萬別用孩子的表情或當天的情緒與吃的喜好度，自行判斷孩子喜歡吃或不喜歡吃的食材，因為如果大人不斷地為孩子剔除自以為孩子不喜歡的食材，那就等於在幫孩子挑食。孩子還小，不知道什麼對自己好，也不知道自己該吃些什麼，所有的一切都是大人安排好給予的，因此大人必須堅持對的飲食並幫孩子把關，讓孩子吃需要的、營養的食物，不然等孩子長大後，父母才為了孩子挑食偏食的問題而擔心不已、到處尋求解方也來不及了。

大骨湯、吻仔魚補鈣？

不少新手媽媽常被長輩要求熬大骨湯給孩子喝、買吻仔魚煮粥給孩子補「鈣質」，但大骨湯、吻仔魚真是能補鈣嗎？是否有其他問題呢？

現在科技發達、重金屬汙染日益嚴重，很多牲畜所食用的飼料可能就是種植在有重金屬危害的土地上，加上抗生素、成長激素、鎮定劑甚至瘦肉精等藥劑的使用，孩子喝大骨湯等同於把這些重金屬與藥劑一併吃下肚。因此，林杰樑醫師生前一直提醒大家「大骨湯含鉛，嬰幼兒少喝」，因為重金屬不僅影響孩子的健康、也影響智力發展

除此之外，吻仔魚粥的含鈣量也不如一般人想像的那麼多，同等重量的黑芝麻含鈣量比吻仔魚更高，且市售的吻仔魚一方面為了賣相可能含有漂白劑，另一方面因為過度捕捉恐會影響海洋生態的平衡。因此，若真的需要幫孩子補充鈣質，建議多攝取深綠色蔬菜、黑芝麻……各式含鈣量高的天然食材，只要孩子能吃得營養均衡，幾乎都不太會有所謂鈣質不足的問題。

但除了鈣質的攝取外，更要讓孩子適量曬太陽、運動，幫助身體的維生素 D 轉化為維生素 D3，讓吃下肚的鈣、磷能更容易被腸胃道吸收，這樣父母一點都不需要尋求維生素、營養品、鈣粉……這類保健產品來替孩子補充鈣質，更不會有佝僂病的疑慮。

為什麼穀類主食很重要？

有不少父母對於穀類主食不看重，覺得不需要吃那麼多米飯，更誤以為要讓孩子不偏食不挑食，吃菜類就夠了。但事實上孩子和大人不同，穀類主食是碳水化合物，提供孩子身體所需的熱量來源，更是孩子腦部發育的重要營養之一。

本書的穀類主食讓孩子從胚芽米開始吃起，延伸至糙米、十穀米、藜麥、莧籽……等各種超級穀類，並加入適量的豆類。因此，穀類在食物泥中的搭配原則，能讓孩子吃足穀類主食並獲取更多營養。

1. 不吃單一白米：

   避免單一醣分過高、營養不足、孩子長大只吃白飯的狀況發生。

2. 吃多元的全穀類：

   孩子不但獲取適度的碳水化合物，也攝取蛋白質、鐵、鈣、B 群、膳食纖維、維生素 E、礦物質等微量元素，讓營養更加均衡。

3. 佔食物泥的一半比例：

   EX：200g 食物泥＝ 100g 主食＋ 3 大菜類共 100g

主食食物泥因為富含膳食纖維，分子小、又細又稠，腸胃很容易吸收消化，在生病、腹瀉時少量多餐的攝取，不僅能讓體力慢慢恢復、更能讓腹瀉狀況慢慢緩解。

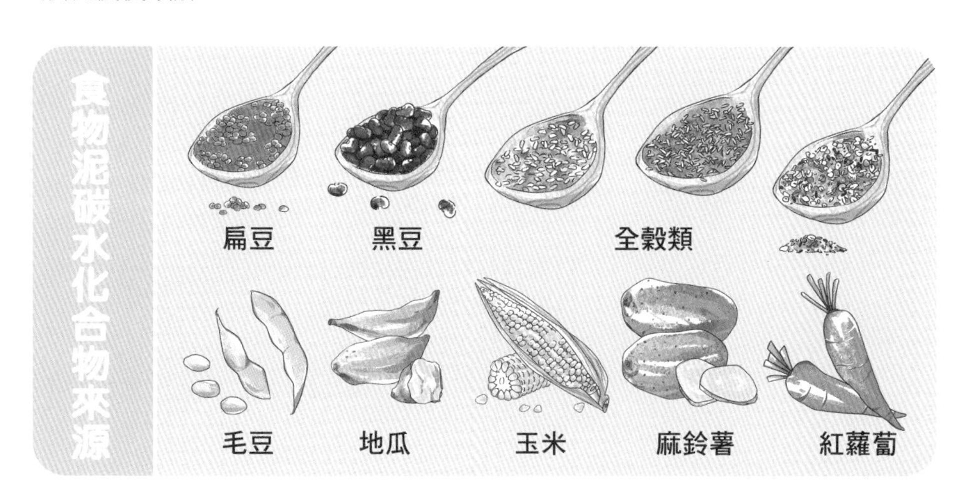

食物泥中沒有肉，怎麼補充蛋白質、鐵質呢？

早期的牛、羊、豬、雞的養殖方式較為天然，現在的養殖方式與生態食物鏈恐讓大型魚類含有重金屬、吻仔魚被漂白、含鉛和汞的大骨湯、含瘦肉精與成長激素的肉類……都充斥在我們的食物中。尤其嬰幼兒代謝功能較差，腎臟排毒功能尚未發育完全，長期吃入這些物質，恐有健康上的疑慮。

肉類所提供的蛋白質和鐵質也富含在蔬果中，花椰菜、各式綠色蔬菜、各式豆類、穀類都含有大量的蛋白質，只要均衡飲食，攝取量不比肉類少。而各式深色蔬菜（菠菜、紅莧菜、紅菜、地瓜葉……）、穀類、豆類、黑芝麻、紫菜均含有豐富的鐵質。

與其讓孩子在嬰幼兒時期就吃含有重金屬與化學藥劑疑慮的肉品，不如讓孩子先以天然的穀類、蔬菜、豆類、根莖類為主要食材，培養好孩子的抵抗力，等大一些再接觸可能誘發過敏的肉類，不需為了攝取蛋白質或鐵質而非肉不可。

隨著環境的變化，我們餵養孩子的方式也必須改變，只要父母給予孩子均衡的飲食，在我多年的經驗中，就算 16 顆牙長齊前食物泥中沒有肉類，孩子的健康與抵抗力一樣會在父母的把關下日益增長。

※ 蛋和魚可在食物泥後適量補充。

因爲會色素沉澱，所以不要吃紅蘿蔔？

離乳食造成孩子的色素沉澱讓很多媽媽覺得苦惱，有些媽媽在孩子健檢時被醫生質疑吃太多紅蘿蔔所以皮膚偏黃，有些因為親朋好友覺得孩子皮膚顏色不好看、是不是得了什麼病……讓媽媽們心生恐懼。

但事實上會造成皮膚偏黃是由於食物中的天然色素沉澱所導致，這些食物包含了紅蘿蔔、地瓜、番茄、南瓜、深色蔬菜……等富含胡蘿蔔素的食物，由於食物泥分子細緻孩子吸收好，所以色素沉澱的狀況就會較為明顯。

的確，孩子可能會有一段時間皮膚會有泛黃的現象（多發生在手心、腳底），但父母們不必擔心，因為食物所造成的色素沉澱並不會讓孩子的健康受到危害，反倒是父母因為擔心色素沉澱而幫孩子「挑食」，也許皮膚轉白皙但也可能會造成日後孩子挑食偏食的問題。

且孩子的代謝功能比大人好，當 16 顆牙長齊後開始與成人一同進餐時，天然色素沉澱的問題就會在 1 ～ 3 個月內逐漸消失，孩子的皮膚就能恢復原色，只要孩子維持均衡飲食的習慣，那天然色素沉澱的問題真的不用太過擔心。

Point

天然色素沉澱的黃皮膚與黃膽所產生的皮膚、眼白偏黃是不同的。時常帶孩子適度曬太陽就能代謝並改善色素沈澱的問題。

食物泥裡食材都混著吃，孩子知道自己吃的是什麼嗎？

食物泥的添加方式為舊食材累加1種新食材，由於孩子的味蕾清新乾淨，加上每種食材都有獨特的味道，因此孩子對每種食材的味道都會很清晰、有印象，並不會因為越混越多而不知道自己在吃些什麼。

吃食物泥長大的孩子在開始食用固體食物時，會很清楚地記得曾吃過的食材味道，因此在離乳食時期吃過苦瓜的孩子就不會排斥苦瓜，吃過茄子的孩子就敢吃茄子，吃過各式綠色青菜的孩子對青菜就會非常喜歡，所以孩子其實很清楚自己吃過什麼，也能分辨每種食材的味道。

食物泥孩子何時離乳？

當很多媽媽對於孩子何時該離乳感到疑惑，對食物泥寶寶來說，離乳是個自然的過程，孩子的飲食表現會讓媽媽清楚知道：「孩子不用再喝奶了。」

從 4 個月開始吃食物泥的孩子，隨著月齡的增長、食物泥循序增量，不管是母奶或配方奶都會慢慢減少，食物泥會取代奶成為正餐。

- 1 歲 3 個月前，食物泥尚未吃足量、少數營養成分無法從食物泥中充分攝取時，就必須在吃完食物泥後補充適當的奶量。
- 1 歲 3 個月後，每餐食物泥已經吃到 400-600g，奶量便會越喝越少自然離乳。
- 約一歲 10 個月，16 顆牙長齊，中餐和晚餐開始銜接軟飯、碎菜、半固體食物至一般的固體食物，無需喝奶。

銜接固體食物完成的孩子，早餐持續吃食物泥，中餐和晚餐吃固體食物，只要餐餐營養均衡、餐餐吃飽，奶自然無需再喝。

Q12 牙齦很堅硬，孩子可以用牙齦吃東西？

不少人都覺得孩子的牙齦堅硬，可以用牙齦咀嚼、吃固體食物。但沒有確實理解「讓孩子用牙齦吃東西」的意思，便容易使腸胃尚未成熟的孩子飽受折磨。

的確，吃固體食物也許能按摩牙齦、刺激孩子的口腔、讓孩子學習咀嚼，但僅有 2 顆牙、4 顆牙、8 顆牙甚至尚未長齊 16 顆牙的孩子，絕大多數僅能吃幾種軟質的固體食材，像是紅蘿蔔、馬鈴薯、地瓜、南瓜、粥……，因為牙齦再怎麼堅硬，孩子也無法吃下大量固體的糙米、十穀米、蓮藕、牛蒡、栗子、綠色蔬菜……這類食材，若腸胃又尚未成熟，大分子固體難吸收，這樣孩子就算吃也吃不多。加上吃不到太多種類的食材、營養不夠均衡、孩子腸胃又不舒服的狀況下，長期下來孩子喝的奶量會遠多過於吃的離乳食量，反而更容易造成往後咀嚼的問題。

因此建議吃固體的方式：

- 依照孩子的月齡和牙齒的量，在孩子吃完正餐食物泥後，給孩子適合且適量的手指食物。但前提是正餐食物泥一定要吃完才會給予，避免不吃正餐只吃固體食物但又吃不多。
- 腸胃尚未成熟的孩子吃到不適合的食物很容易脹氣、腸胃不適，因此孩子若不想吃固體食物就不需要勉強，避免讓孩子對固體食物產生反感。
- 固齒器也是父母的得力助手，不僅可以滿足孩子口慾、按摩牙齦、訓練手的握持力，更能讓孩子盡情咀嚼。

什麼！喝奶時期太長、離乳食吃太少，孩子會懶得咀嚼

常有媽媽會在飲食矯正課程或諮詢中問我：

「我家小孩已經 2 歲多了，青菜常常咬一咬、肉嚼一嚼就吐出來。」

「我家小孩已經 5 歲了，吃很少，只吃白飯配肉鬆、肉汁，其他的菜和肉都不喜歡，也不喜歡咀嚼和吞咬食物。」

這些來找我調整挑食偏食、懶得咀嚼問題的孩子們，大都不是吃食物泥長大的，或僅吃一小段時間食物泥，因此我會先問媽媽們：

Q：孩子是否還在喝奶？一天幾次？

A：孩子還在喝奶，通常一天喝 1 ～ 2 次奶

Q：何時喝奶？

A：早餐奶和睡前奶，若當天正餐吃比較少就會再給奶補充營養

Q：正餐吃得少營養怎麼補充？

A：營養來源除了奶外，會給孩子吃益生菌、鈣、鐵、綜合維他命、魚油……等營養補充品。

這 10 多年陪伴父母們帶養孩子的經驗讓我知道：

孩子的咀嚼喜好度與離乳食吃的多寡、喝奶時間的長短、奶量的多寡是相關的。

懶得咀嚼、懶得咬的孩子離乳食通常吃得少、奶喝得多、喝奶週期長，16 顆牙長齊後父母若還是懶得準備固體食物、覺得跟大人一起吃就好、只喝奶也沒關係，當「沒吃飽就用配方奶來補充孩子的營養」成了常態，那孩子就會一直以喝奶為正餐，即使 16 顆牙長齊依然不喜歡咀嚼與吞嚥，因為：

1. 奶是滑順的，對長期喝奶的孩子來說，較堅硬、有纖維的食物很難咀嚼，因此往往咬一咬就會吐出來說咬不動、吞不下。所以父母會提供無纖維、軟質的白米、麵包、麵條、豆腐、餅乾、無纖維的再製品……這類精緻食物孩子就能接受，這也是產生挑食偏食的最大原因。

2. 由於長期喝奶，沒有接觸過太多天然食材，一方面對味道不熟悉，另一方面天然食材的甜度不高，因此孩子就會抗拒、無法接受。

若以上狀況不去改變，這些挑食、偏食的孩子還是會持續喝奶一直到長大，而挑食偏食的狀況也會一直跟隨著孩子。

我身邊有個孩子把配方奶當主食喝到國小，之後開始喝美祿、阿華田……，雖然長大可以正常吃飯，但也只願意吃白飯配肉汁、少得可憐的無纖維菜類和過甜調味重的各式零食餅乾，不喜歡吃正餐但肚子餓時卻可以喝下各式奶類（鮮奶、調味乳、高鈣奶）、流質食物和零食，對於蔬菜、肉類敬而遠之，到了國小五年級還常常把蔬菜咬一咬吐出來說吞不下。

這樣的情況，在我經歷過的案例中不在少數，尤其在老大身上特別容易發生，因為父母還不清楚離乳食、奶和咀嚼的相關性，當意識到時要幫孩子矯正已經不容易。

吃食物泥長大的孩子不但很會咀嚼，更不容易挑食偏食

食物泥是細緻濃稠的小分子，只要吃的時候每大類比例正確，食物泥也能讓孩子學習咀嚼，所以照著書上的方式完整吃食物泥長大的孩子，父母完全不用擔心孩子不會咀嚼、懶得咬固體食物。因為我常接收到食物泥父母的訊息與圖片反饋，大部分都是「孩子固體吃得很好」、「孩子銜接固體後吃好多」、「大家都很羨慕我的孩子不挑食、不偏食又能吃這麼多」……。

這些都是父母從嬰幼兒時期為孩子選擇的家庭教育與飲食教育成果，更是父母陪伴與堅持 1-2 年後孩子的反饋，親自走過這條路的父母才能感受這一切的美好。

爲什麼要等 16 顆牙長齊才銜接全固體食物？

「孩子一歲半了，已經長了 8 顆牙，可以跟著大人正常吃固體嗎？」

「我婆婆說食物泥是過度食物，叫我讓孩子吃一段時間後就不要給他吃了」

以上對話常在我的工作中出現，為何不建議孩子在一歲後就轉換吃固體食物呢？因為：

- 孩子尚未長齊 16 顆牙前，上下 8 顆門牙可以切斷食物、4 顆虎牙可以撕碎食物，但都無法將食物磨碎，如果只用8-12顆牙吃大分子的固體食物，那腸胃道尚未成熟的嬰幼兒恐會有脹氣、腸胃不適的狀況，一段時間後孩子易因腸胃不舒服而抗拒這些固體食物，反而轉以喝奶為主。
- 尚未長齊 16 顆牙的孩子，一餐能吃多少種類的固體食物？一餐能吃下多量的固體食物？每餐沒吃飽時是不是還是必須喝奶？
- 大人可以試著只用前面 2-12 顆牙齒咬碎、磨碎各式固體食物並吞下去，並看看自己能吃得了多少這樣的食物，也感受牙齒尚未長齊 16 顆吃固體食物時的咀嚼、吞嚥及腸胃消化狀況。

基於上述原因，建議孩子長齊 16 顆牙前，以食物泥為正餐，8 顆牙長齊在正餐食物泥後可以適量的吃魚、蛋或軟硬度適合的手指食物，因為餐桌上的食材再多，孩子能自己咀嚼的食材還是有限，且無法像食物泥一樣每餐吃到 30-50 種食材，又可以吃得多又好。

然而，當孩子的小臼齒完全長齊後，只要循序漸進銜接固體食物就可以越吃越好，很快地就能完全轉換吃固體食物了。

食物泥可以吃到幾歲呢？

食物泥是營養均衡的食物，很多人以為食物泥只有嬰幼兒能吃、只能當離乳食吃。但事實上，食物泥適合每一個人，每個年齡層的人都可以吃。

孩子長齊 16 顆牙，中餐、晚餐開始銜接固體，食物泥依然可以當作早餐，吃完食物泥後可以再給孩子其他固體食物。而青少年、大人、長者也是一樣，食物泥可以當作早餐、點心，甚至忙碌沒時間吃飯時，還可以加熱隨身攜帶當做點心。

研發適合台灣人的食物泥到現在已經 10 多年，家中孩子從嬰幼兒時期吃食物泥延續到現在早餐食物泥，而在父母親 70 多歲時，我們全家人開始一起吃早餐食物泥，也因此在幾年前，父親因摔倒情況緊急送進 ICU，好不容易把父親從鬼門關前救了回來，醫生告訴我，父親必須要能自主吃下食物，才有機會拔除鼻胃管轉入普通病房，當時我讓父親吃食物泥，以循序漸進的方式越吃越多，父親不但能自主進食順利拔除鼻胃管，更拜食物泥均衡營養之賜，轉入普通病房後除了食物泥外，其他正餐食物也越吃越多、越吃越好，2 個月後父親康復出院。

我找不到任何比食物泥擁有更多元食材又營養均衡的早餐，每天早上的食物泥早餐開啟一整天的活力來源，而食物泥的量與搭配方式可以隨著每個人年紀和身體的需求有所不同。

所以不管是幾歲的人要吃，不管怎麼搭配，對嬰幼兒、特殊孩童、成年人、牙口不好的長者、疾病患者來說，食物泥不僅好入口、好吞嚥、更好消化，每一口都是滿滿的食材、是均衡營養的來源。

Q17 吃食物泥影響孩子語言發展？

語言發展與孩子成長的很多環節都有關連性，而其中影響孩子語言發展快慢的最大的因素便是「家庭」，因為孩子的模仿和吸收能力很強，照顧者或父母只要時常和孩子説話、互動，孩子的語言發展就會有顯著的成長。因此家中成員與孩子的對話才是孩子學習説話最大的關鍵因素。

再者，當孩子咀嚼濃稠的食物泥時，必須用舌頭、上下顎及上下左右牙齦來協助咀嚼，也能加強口腔各部位肌群的協調能力，加上 8 顆牙長齊孩子在正餐後可以吃各式菜類製作成的手指食物，一樣能達到練習咀嚼的效果，所以只要家庭不斷地陪伴孩子説話，吃食物泥不但不會影響語言發展，甚至吃食物泥的孩子因為營養均衡、學習能力快，在語言發展上會更加快速。

Q18 爲什麼吃了食物泥長大還是挑食偏食？

從小吃全食物泥長大的孩子銜接固體後通常是不會有偏食的問題，但若父母或長輩以為孩子開始銜接固體食物後便可以「隨便吃」，因而開始給孩子吃再製品、精緻澱粉製品、零食糖果、喝飲料不喝開水、甚至跟著大人隨便吃重口味的食物，那原本良好的飲食好習慣，就會轉變成挑食偏食的壞習慣，孩子也會成為挑食偏食的孩子。

所以銜接固體食物後，父母還是必須要為孩子的飲食把關，避免過度放縱飲食讓食物泥階段的努力付之一炬。

Q19 大孩子挑食、偏食的特徵？

「挑食、偏食」指的是 2 歲以上兒童挑食物吃或只吃少數幾種、幾大類食物的狀況，很多父母對孩子挑食偏食不自知，因為不了解真正挑食偏食的表現，常會以為孩子可以吃下二碗肉汁配白飯就叫做不挑食；正餐吃不好但可以吃得下很多水果就是吃很好，甚至覺得孩子能吃上一般瓷碗的 5-8 分滿就是吃很多。

這 10 多年的經驗讓我知道，孩子從出生開始，身體所需要的食物量與營養量大大超越所有父母的想像，千萬不要因為「怕把胃撐大」、「吃太多對腸胃不好」的迷思讓孩子從嬰幼兒時期就沒吃飽。

此外，孩子在嬰幼兒時期所攝取的食物與營養，都是在為身體儲存能量與增強抵抗力、免疫力，當孩子一但生病時，這些健康的累積都能協助孩子較平和且迅速的度過疾病的歷程，也因此，嬰幼兒時期吃對食物很重要，因為奠定好飲食的基礎才能真正讓孩子擁有強大的抵抗力、遠離疾病與挑食偏食。

吃飽 ≠ 吃得營養

有吃 ≠ 吃對食物

吃飽 ≠ 吃得健康

有吃 ≠ 不挑食、不偏食

什麼是挑食、偏食的表現？

- 喜歡吃白飯、麵線、麵條、麵包……等精緻澱粉製品。
- 白飯喜歡配肉汁、肉鬆、豆腐、豆腐乳、醬瓜……。
- 不喜歡吃正餐，喜歡吃起司、優酪乳、鮮奶……等乳製品。
- 不喜歡吃正餐，喜歡吃水果、點心（餅乾、零食、糖果……含人工添加物之食品）
- 喜歡喝飲料、果汁、各種沖泡奶、甜豆漿……各式飲品。
- 各式富含纖維的青菜、天然食材不喜歡吃或吃得很少。

為什麼要矯正孩子挑食、偏食的習慣？

長時間的挑食偏食恐會造成孩子多種營養攝取不足，影響發育。很多父母以為偏挑食只是健康受到影響，殊不知挑食偏食的孩子恐怕面臨更多連帶性的身體與家庭問題：

1. 各種營養素攝取不均衡造成營養不良
2. 微量營養素攝取不足恐引發疾病
3. 發育不良恐增加生長遲滯的風險
4. 健康基礎無法奠定
5. 強迫進食導致親子關係惡化
6. 父母每天為了每餐的菜色想破頭，只為了吸引孩子多吃一點

挑食偏食的孩子通常都不覺得餓，因為父母會準備其他的食物在家中，大多是麵包、餅乾、水果……這類孩子「喜歡」但「營養不均衡」的食品，吃了這些食物的孩子，正餐時間不覺得餓所以也吃不多，甚至有些孩子還會告訴父母他們不想吃正餐，想吃布丁、吃甜點、吃水果就好……，長期下來孩子自然抗拒天然食材烹煮的正餐食物，因為父母在碎念責備孩子、跟旁人抱怨一堆後，一樣默許孩子挑食偏食的行為，甚至幫著孩子挑食偏食。

因此，當孩子2歲後，父母意識到孩子的挑食偏食時通常已經為時已晚，不管父母如何用盡心思準備飲食，孩子依然難以改變，往往要等到孩子受了教育、懂得營養、開始為自己的身體健康著想時，才能真正改變飲食習慣，愛自己的身體。

因此要杜絕挑食偏食，務必要從嬰幼兒時期做起。

Basic 03 喝水&便秘 Q&A

Q20 便祕怎麼辦？該如何解決？

很多父母以為食物泥含有大量纖維，所以排便「應該」會很順暢，但事實上，若孩子水喝過少反而會造成纖維質無法順利排出引發便祕，因此從開始吃離乳食起，就必須補充水分，預防體內的纖維因缺水變得又硬又乾，讓孩子解便不易，造成便祕問題。

便祕大多是由於水分不足所引起的，所以當孩子開始吃食物泥時，也要開始教孩子如何喝水，一方面補充水分緩解便秘，一方面讓孩子養成自己喝水的好習慣。

如何讓孩子喝水

①一天該喝多少水？

一開始吃食物泥就要讓孩子喝水，從一天吃 12.5g 食物泥喝 20cc 開水、一天吃 25g 食物泥喝 30-40cc 開水、一天吃 50g 食物泥喝 60-70cc 開水……，開水的飲用量會隨著食物泥的增量而持續增加，依照醫界嬰幼兒水量的計算方式：

食物泥越吃越多，便可以依照孩子的體重計算開水量，10 公斤內的孩子每公斤體重喝 100c.c. 開水，EX：9 公斤一天開水量至少 900c.c.（不包含母奶、配方奶），體重超過 10 公斤，則每增加 1 公斤需增加 50c.c. 水量。

因此只要水量足夠，加上比例正確的營養均衡食物泥，通常孩子是不太容易便祕的。

若有運動、流汗時要再多喝一些開水，避免開水量不足

②該喝什麼溫度的水？

建議不管在哪個季節，最好都讓孩子喝溫開水，一方面近似奶和食物泥的溫度，一方面喝溫開水可以保護孩子的支氣管、讓身體的新陳代謝佳。

③多久喝一次水？一次喝多少？

喝水的方式很簡單，卻可能因為錯誤的方式，導致孩子喝下的水分無法被身體所吸收。

EX：有些照顧者認為當孩子不喝水的時候，就用奶瓶直接「灌水」，一次餵 100～200c.c.，可以快速補水，可是這些水因為喝得太急太快，一方面可能造成孩子腸胃不適，另一方面也無法有效被身體吸收利用，很容易快速地排出體外。

因此建議在孩子醒著的時間，每 20～30 分鐘讓孩子喝水，一口一口慢慢喝，4-6 個月一次喝 10～30c.c.、6-8 個月一次喝 30-50cc……隨著月齡每次喝水的量慢慢增加。

只是由於孩子年紀小，常會因為玩耍而忘了喝水，照顧者要不斷提醒孩子喝水，當喝水成為習慣後，孩子自己會知道何時該喝水，從小養成主動喝水習慣的孩子，長大後較不會被含有大量色素、碳酸物、人工添加物的飲料所吸引，也不太容易養成喝飲料的習慣。

④怎麼開始喝水？用什麼方式喝水？

孩子開始學喝水，父母和照顧者可以用小水杯、小量杯、家中的馬克杯、寬口杯、碗……讓孩子喝水，父母拿著杯子教孩子一點一點將水喝進嘴裡，並親自示範，讓孩子看和觸摸自己的喉嚨，感受將水吞下去的感覺。不要覺得孩子還小學不會，孩子學習能力很快，只要父母持續的陪伴教導，幾次、幾天、一段時間後孩子幾乎都能學會。

等到孩子開始越喝越好，手也能握住東西，便可以給孩子不會漏水且不會讓孩子嗆咳的吸管杯，教孩子如何將杯子中的水用吸管吸起，並讓孩子自己拿著杯子喝開水。

讓孩子自主喝水需要時間的累積，沒有任何捷徑，有些孩子對於水的接受度較低，父母千萬不能因為孩子的學習較慢、自己忙碌沒有時間陪伴或覺得陪伴喝水很累，就讓孩子學習喝水的步伐停頓。

父母和照顧者的陪伴與鼓勵是讓孩子學習所有事情最重要的動力，有些孩子喜歡跟大人一樣，那大人就用自己的影響力教導孩子，讓孩子先願意喝水，願意喝水後再多加陪伴與鼓勵，讓孩子開水越喝越好。

Basic 04

疾病 & 預防 Q&A

Q21 如何從小增強抵抗力與免疫力？

每個孩子都會生病，生病不見得是件壞事，有時生病後的孩子會像脫胎換骨般突然長大、突然食慾大增、突然懂事，但誰都不希望孩子生病，尤其是工作忙碌、無法時常分身照顧孩子的父母，因此該如何增強孩子的抵抗力與免疫力就變成重要的事情。

還記得老二因每天接觸保母家從學校回來的大孩子，2 個月起就莫名開始生病、6 個月中耳炎、10 個多月肺炎住院，也連帶傳染給老大，這一連串孩子生病的問題當時一直困擾著我們，而當我們漸漸了解自己的孩子是過敏兒、老大腸胃較弱、老二呼吸系統易感染時，我們就開始仔細觀察孩子的問題，進而越來越了解該如何讓孩子變得更強壯：

1. 規律作息，幫助孩子設立停損點

從小有規律作息的孩子，父母就很容易幫助孩子設立身體的停損點。即使在瘋狂玩樂時都要讓孩子在該吃飯的時間吃飯、該睡覺的時間上床睡覺、正常飲食喝開水。讓孩子在過度興奮的玩樂狀態時能有充足的體力和營養，不會因為玩過頭、累過頭難以進食、難以入睡，造成身體免疫系統下降易生病或情緒不穩定易哭鬧。

2. 從小奠定飲食基礎

養成孩子從小什麼天然食材都吃，不挑食的好習慣，讓均衡的營養為孩子打造健康的基礎。

3. 多運動

運動是讓孩子身體健康的重要方法之一，我的兩個孩子讀幼兒園時，只要沒有下雨，每天早上老師們都會帶著孩子在公園運動 1 ～ 1.5 小時，下午在教室旁的空地跑跳玩耍，假日我們也會帶孩子到戶外騎滑步車、溜直排輪……，讓孩子多運動、多流汗提升免疫力、抵抗力，加上作息和飲食的搭配，孩子生病的次數自然減少。

4. 遠離室內遊樂場所

室內的遊戲空間中有太多未知的病毒與細菌，因此從來不是我們家外出遊玩的選項。多接觸大自然、讓孩子呼吸新鮮空氣、遠離擁擠的人群，也是我們減低孩子生病機率的一種方式。

5. 常戴口罩

從小我們就叮嚀孩子，在幼兒園自己或同學生病、空氣不佳時，都可戴起口罩保護自己也保護別人。孩子大一點時，我們也告訴他們在密閉的公共場所也可以戴口罩。

EX：公車、捷運、賣場或是教室裡只要覺得需要都可以戴上口罩，讓孩子從小養成戴口罩的習慣。

而喜歡將手放在鼻子或嘴裡的孩子，也可以從小運用戴口罩的方式，一方面戒除把手放在嘴鼻的習慣，一方面減低把細菌或病毒吃進嘴裡的風險。

6. 長大後的飲食

我們家到現在每天的早餐依然以食物泥為主，並盡可能用天然食材自己製作固體早餐，讓孩子每天都能吃得營養均衡、充滿元氣地去上學。

而中午在學校的便當，也都是前一天晚上家中的飯菜，儘可能讓孩子中餐吃到均衡的飲食。

Q22 得了腸病毒該怎麼吃？

孩子小的時候，腸病毒是幼兒園和小學生最害怕的疾病之一，我們家老二當時也中獎了，他在第一天晚上發燒嘔吐、毫無食慾，第二天起床依然高燒不退，在擔心孩子肚子餓營養不足會更加無抵抗力的狀態下，我們決定依照老方法，讓孩子「少量多餐」地食用食物泥，在孩子說肚子餓、想吃的時候趕快弄給他吃，也因此老二在第二天晚上就生龍活虎，第三天就可以正常進食且幾乎完全恢復了。

腸病毒會有發燒、食慾不振、口腔內膜破、喉嚨痛、腸胃不適……，因此孩子在非常疼痛時根本無法食用正常的食物，即使去看醫生，醫生也只能叫父母給孩子吃冰涼的布丁、冰涼的食物解痛，但無特效藥，時間過了自然痊癒。

食物泥也很像布丁，細緻無顆粒、但卻富含30-50種食材，不但好吞嚥，小分子又能讓孩子好消化、好吸收、不易腹瀉嘔吐，更重要的是「即使只吃1口、2口，每口都是滿滿的均衡營養」，孩子不會因為生病無法進食而在幾天內瘦了好幾公斤、導致抵抗力和活動力變弱。

腸病毒時的食物泥吃法：

①提前將冷凍食物泥先加熱。

②取出放涼，等孩子要吃時稍微冷藏一下或直接讓孩子食用冷的食物泥。

③用小湯匙或是吸管比較不會碰到傷口，讓孩子方便吸入吞嚥。

以上的方法可以幫助腸病毒的孩子儘早恢復健康，但最重要的還是父母能在嬰幼兒時期就幫孩子養成規律作息、充足睡眠、營養均衡的飲食、喝水和持續運動的習慣，那麼即使孩子生病，也會有足夠的自體抵抗力對抗病毒細菌，也會恢復得比較快！

Basic 05 讓照顧者快速上手

Q23 給照顧者的照顧方針

不少媽媽因工作忙碌，生產完就必須回到職場，因此孩子會交給保姆、長輩或短時間請朋友協助。通常這樣的狀況下，父母就會覺得要與照顧者溝通讓孩子吃食物泥是件困難的事情。但事實上，只要父母清楚告知照顧者帶養孩子的方式與作法，照顧者通常也會依循父母的原則與方式。

因此給予照顧者明確的時間作息並準備好食物泥，讓照顧者快速接手，是最重要的部分。

作法 1：清楚列出作息時間的紙張

包含：每餐時間、小睡時間、每天喝水量、提醒的注意事項

7:30起床，吃完第一餐

11：30-12：00 吃第二餐
15：30-16：00 吃第三餐
19：30-20：00 吃第四餐
*已放保鮮盒，直接加熱
*每餐30分鐘，沒吃完就收起來不用硬餵
*吃完讓寶寶多喝水

09：00-11：30 小睡
13：00-15：30 小睡
*時間到準時上床、時間到再抱出房間
*房間盡量全黑，不要開小燈
*不要進去干擾

每天開水要喝______cc

↑範例

其實不管是長時間或短時間的照顧者，只要父母將孩子的作息、用餐和睡眠時間詳細列出，並將每餐食物泥準備好讓照顧者方便加熱餵食，不僅照顧者不用想破頭要準備什麼給孩子吃，更能專注在照顧孩子上，那吃食物泥對照顧者來說反是件輕鬆又方便的事情。

作法 2：

- 前一晚將食物泥冰磚分裝在可微波或可直接放入電鍋加熱的容器中。
- 冷藏保存。
- 告知照顧者如何加熱。

TIPS

父母早上出門前、晚上回家後都可以讓孩子吃食物泥，一方面增進與孩子的互動，一方面可以讓孩子多吃一餐食物泥。
圖中範例：玻璃保鮮盒裝了 3 餐食物泥，可微波或用電鍋加熱。

托嬰中心的孩子，白天照著托嬰中心的作息，若托嬰中心願意幫忙餵食物泥，那父母就如同上述，準備好每天的食物泥讓老師方便協助餵食。

若沒有辦法，至少父母能讓寶寶每天早餐、晚餐吃食物泥，假日一天 4 餐食物泥，儘可能獲取更均衡的營養。

TIPS

曾有托嬰中心老師來上我的食物泥製作課程，回到學校後製作食物泥給托嬰的孩子吃。當家庭和學校的作息飲食能相互搭配時，食育與教養的奠基也能更加落實。

Mommy Say

晴媽咪經驗談

父母的讚美與正向的鼓勵

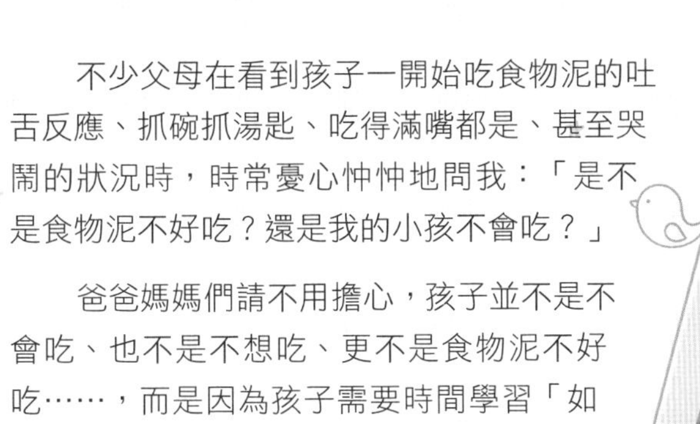

不少父母在看到孩子一開始吃食物泥的吐舌反應、抓碗抓湯匙、吃得滿嘴都是、甚至哭鬧的狀況時，時常憂心忡忡地問我：「是不是食物泥不好吃？還是我的小孩不會吃？」

爸爸媽媽們請不用擔心，孩子並不是不會吃、也不是不想吃、更不是食物泥不好吃……，而是因為孩子需要時間學習「如何吃、如何吞嚥、如何越吃越好」。

仔細回想，我們從小到大學習任何事情也都需要時間，所以孩子學習吃東西、學習自己入睡、學習喝水……，也一樣需要時間。因此不管是孩子學吃食物泥、學喝水、學自行入睡、學翻身、學爬、學走、學說話、學習所有的事情……，當父母的我們，除了陪伴外，還要鼓勵孩子並讚美孩子，讓孩子對自己有信心，自然什麼事情都會越做越好，學習成效高。

一個人不管年紀多大，在人生的每個階段與過程中，都需要讚美與鼓勵！讚美給得越多，孩子自信就越足，臉上越有笑容與光采！鼓勵給得越多，孩子勇氣就越高，學習動力就會越強大！多給讚美少給責備，多給鼓勵少給批評，長期下來父母會發現，擁有大量讚美與鼓勵的孩子，臉上不但常掛著笑容，且有著自信與勇氣，這樣的孩子會有更多正向的能量面對成長中的挑戰。

身為父母的我們，別吝嗇，請多給孩子讚美與鼓勵！

Mommy Say

晴媽咪經驗談

生了老二後該怎麼維護老大的安全感

很多媽媽生了老二，在大家開心之時，原本可獨立玩耍、有安全感、情緒佳、可以自行入睡、飲食正常的老大，突然變得黏人、愛哭、甚至無法自行入睡，這表示因為老二的出生老大開始感受到「不安全的感覺」！

通常老二出生後，家人的關注焦點都會集中在老二身上，包含原本只屬於老大的媽媽也會一下子少了非常多陪伴老大的時間，而這些時間大人可能覺得還好，但孩子卻覺得「世界變了」、「所有人都不愛我了」、「媽媽比較在意寶寶」、「寶寶哭媽媽就會抱他餵奶」、「寶寶哭就會有人理（抱）他」、「寶寶想睡覺時媽媽就會陪」……。

老大的安全感從老二出生時開始下降，甚至因為上述的想法老大開始模仿老二的行為，開始用哭鬧的方式討抱、引起注意、甚至不自己睡覺（希望父母能像陪寶寶那樣陪自己）.......，若這時候父母的態度是搖擺不定甚至用責罵的方式對待孩子，那漸漸的老大就會越來越沒有安全感、越來越擔心父母不愛自己、越來越黏人，甚至做出令人不解的退化行為及舉止動作。

因此建議父母，要趕快幫助老大找回安全感：

1. 維持規律作息：不因老二而改變老大的作息，不要讓老大無所適從。
2. 生活上所有事情都照舊進行，無需改變。
3. 要不停告訴老大：
    - 父母有多愛他
    - 老二的出生後家中可能會發生改變的狀況

讓老大也可以參與幫老二做些事情（譬如：拿尿布、拿濕紙巾、媽媽離開時陪在老二身邊跟老二說說話 ......）。

讓老大知道所有的事情都沒有變，唯一改變的就是他多了一個以後會陪他一起長大的弟弟（妹妹）。

父母、所有長輩 ...... 都請相互提醒，見到孩子們要先擁抱老大、再去看（抱）老二。

用各種父母可以表達的方式讓老大知道他有多棒、多重要，父母必須用智慧讓手足間的關係更加融洽。

前往官網購買

天晴冷凍分裝保存盒

材質： PP
規格： 25ml*6格/盒（建議套組為：1組6盒=3盒主食+3種各式菜類各1盒）
產地： 台灣製造

使用須知：

· 開封時先清洗後使用
· 勿接近火源
· 勿使用易將容器刮傷之清潔工具
· 本產品非密封容器，請水平放置
· 容器內冰磚呈冷凍狀態時，掉落、碰撞可能引起容器破損
· 建議裝填至容器內側凹線處
· 本產品不可直接微波，加熱時需將冰磚取出放在碗內至電鍋或微波爐中加熱

冰磚取出方式：

1. 雙手壓上蓋拇指放在下容器往上扳折
2. 冰磚折斷鬆動後打開上蓋倒入保鮮盒中冷凍保存
3. 裝太滿冰磚折不斷、拿不出時，可將底部輕碰水約10秒便可取出

使用次數：

可重複使用，直至有破損或嚴重刮傷即更換（白色折痕為正常狀態）。

晴嗎咪食物泥教養學

食物泥 X 天使寶寶養成系統

作者：洪嘉穗(晴媽咪)
攝影：王瀅涵、翁振華、涂瑋倫、徐莉雯、惠瑀、廖根甫、顧佳雯
內頁設計：董書宜、Doris Ou
封面設計：翁振華
發行人：洪嘉穗(晴媽咪)
出版：晴媽咪文化事業社
地址：新北市中和區錦和路3號4樓
電話：02-82281980
信箱：stocktoto@gmail.com

出版日期：2024年1月第一版
定價：375元
ISBN：978-626-98289-0-6

國家圖書館出版品預行編目(CIP)資料

晴嗎咪食物泥教養學 食物泥 X 天使寶寶養成系統 / 洪嘉穗(晴媽咪)著
-- 第一版 -- 新北市：晴媽咪文化事業社,2024.01
ISBN 978-626-98289-0-6(平裝)
1.育兒2.小兒營養3.食譜

428.3　　113000450

免責說明

本書內容僅供參考之用，所述方法、做法及建議旨在提供實用健康資訊，並不取代醫生或專業人員的建議。閱讀者在採用本書內容前，建議先徵詢醫生意見。對於任何需要醫療診斷或治療的情況，應首先諮詢註冊專科醫生。

責任限制

作者與出版者對於閱讀者根據本書內容所採用的方法、建議或指示不應承擔任何法律責任。無論是任何因使用本書內容所導致的損失、傷害或不便，包括但不限於直接、間接、附帶、特別或間歇性的損害賠償，作者與出版者不負責任。

食物安全及過敏來源

閱讀者在準備嬰幼兒食物時應格外注意食品安全和過敏原，在選擇和使用食材時，請確保其新鮮度和品質，避免使用已過期或變質的食品。此外，若嬰兒有食物過敏史，請在使用任何新食材前咨詢醫生，並逐步引入新食材以測試過敏反應。